室内设计师.19
INTERIOR DESIGNER

图书在版编目(CIP)数据

室内设计师.19/《室内设计师》编委会编.– 北京：
中国建筑工业出版社，2009
ISBN 978-7-112-11292-0

Ⅰ.室… Ⅱ.室… Ⅲ.室内设计 – 丛刊 Ⅳ.TU238-55

中国版本图书馆 CIP 数据核字 (2009) 第 167046 号

室内设计师 19
《室内设计师》编委会 编
电子邮箱：ider.2006@yahoo.com.cn
网 址：http://www.idzoom.com

中国建筑工业出版社出版、发行
各地新华书店、建筑书店 经销
恒美印务（广州）有限公司 制版、印刷

开本：965×1270 毫米 1/16 印张：10 字数：400 千字
2009 年 10 月第一版 2009 年 10 月第一次印刷
定价：30.00 元
ISBN978-7-112-11292-0
（18614）

（邮政编码：100037）

目录

CONTENTS

VOL. 19

设计师也上班
DESIGNERS' WORK STUFF

撰　文　|　立秋

得力于传媒不遗余力的宣传引导及其秉持"娱乐至死"精神而进行的造星运动，现在，提起"设计师"这个职业，普罗大众往往下意识将其与"另类"划上等号，而且其涵盖范畴也由最初即较易发掘明星气质的时装设计师、发型彩妆设计师、平面设计师扩展到了原本以木讷的工程技术人员形象出现的建筑师、室内设计师以及家具、产品设计师。近年来明星设计师纷纷亮相于镁光灯下，以其富于设计感的着装扮相和沉甸甸的作品LIST中凸显出来的专业气质与演艺界明星一争光辉，令人们无形中更将设计师与"有型、有钱、潇洒、不羁"等形容词联系起来。

怀揣对设计师生存状态韩剧式预期的人们如若不慎闯入某设计院、私营事务所或者外资设计公司，很可能会像看到韩星整容前照片一样产生幻灭感——传说中的"设计师"们，大多数可不像宣传图片中那么酷，一副脑子里咕嘟咕嘟冒创意的样子，往往也都是对着电脑发呆的普通人，并且还常有因连日加班而满眼血丝神情呆滞头发油腻衣服折皱的诡异身影不时飘过……是的，设计师也上班，而且可能上得比一般人还辛苦：要巧舌如簧地接项目、八面玲珑地应对客户、点灯熬油地做设计、灰里来土里去地勘察基地盯施工现场……概念设计出众的，那是祖师爷赏饭，可也得搭好了班子深化配合实施一步步走过去了才算真正出成果出效益；没那么多灵感的，就要下苦功熬经验值，否则便只好认命一辈子给人家当马仔。单就中国室内设计行业而言，沉浮于这么一个存在时间尚短，既无模式可供借鉴，也无前辈可以咨询的不成熟业态中，从鏖战20年的大小设计机构老板到初出茅庐的80后新新人类，在华丽丽的"创意人士"包装下都难掩一丝困惑——设计行业这个班，怎么才能把它上顺溜?

看多了管理者的无奈与不解、中坚力量的摇摆与茫然、新生代的纠结与躁动，笔者不揣浅陋，也来聊聊设计公司里的"上班那点儿事"，或者可以为各层面的设计从业人士提供一些看问题的新角度。

网络控制：纪律与尊重

网络令很多公司管理者爱恨交织，它的出现带来了全球范围内查找最新设计资料的便利，也带来了一个有着可令员工分神的种种诱惑的浩瀚虚拟世界。从国企到民企再到外资企业，员工在上班时间利用网络做与工作完全无关之事的现象都令管理层烦不胜烦。有些公司采取了封禁MSN、QQ等即时聊天工具，屏蔽开心网等互动交际网站，禁止并严罚上班时间玩网络游戏、看在线视频及网上炒股等等手段，但这样做一方面会引发员工不满情绪，另一方面也确实给日常工作带来了很多不便。特别是在设计公司，员工经常需要查找资料、与各方面的接口人联系，很多人已经习惯了任何事情都要在网上说，在这种情况下，硬性断网导致的不便和效率低下与员工在网络上虚耗时间相比也好不到哪里去，而部分封锁成本不低，还存在技术困难，更要随时与各种更新替代产品如EBUUDY之类魔道互斗，直令管理层进退两难。

一次中小设计机构管理者交流活动中，某事务所老板A女士即郁闷地咨询同行们如何处理上网问题。A女士说："让上吧，确实有人不干正事；不让上呢，员工抵触情绪很大，觉得不被信任，甚至消极怠工。"在场其他管理者也纷纷表示面临类似问题，有些人就放任自流，纯凭自觉；有些人则主张严管，监控为主。很多公司会采取按员工级别或岗位性质分配上网权限的措施，比如有些公司是中层管理人员和主案设计师可以随意上网和使用网络通信工具，略低级别或无外联需要的人员则不能使用MSN、QQ乃至部分或全部网络，仅可通过叫做"飞鸽传书"的公司内部即时通信系统与同事作内部沟通及文件传递。普通员工如有查找资料的需要可至专门的资料室或上网区，而与联系人之间的文件传输也会有专门人员负责。这种做法在很大程度上确实能控制对网络的滥用，但正如A女士所说，会引发员工的"信任危机"。L小姐毕业快两年了，在一家室内设计事务所工作，进步挺快，老板对她也很满意，但不能随意上网这件事一直令L觉得很堵得慌。用她的话讲："本来公司规模就不大，何必学人家大公司搞得像流水线作业一样机械化。网络受限制，不光是方便不方便的问题，更是一个平等和尊严的问题。十几个年轻设计师和设计辅助人员只有一台共享电脑可以上网，还放在一个靠近前台、人来人往的开放区域，每次上网查点东西心急火燎的，还总觉得背后有人监视，太不舒服了。毕竟、任务量在那儿，就算我们偶尔会上网玩玩、聊聊天，也不会不顾工期没分寸地玩，不过是种放松手段，人到底不是机器！我们虽然年轻资历浅，但一样需要被尊重！"在工作即将满两年之际，L跳槽到了一家条件并不比原来公司好多少的事务所，令希望与L续约的前老板愤怒又不解。L没有解释，因为"反正他也听不进"，只是私底下与同事话别时才透露："工资不过加了区区三百块，可是一切都要重新来过，不为别的，对方说了，我们这儿提倡自由宽松的工作氛围，只要不耽误工作随便你怎么上网，我就图这份尊重！"

综合A女士等管理者和L小姐的观点，不难看出，对双方而言，增强自身实力都是一个解决问题的首要条件。对公司而言，其严格规定的接受程度，与公司背景是否足够强势又成正比。在待遇差别不太大的情况下，名不见经传的中小公司规矩多，比知名设计公司还管得严更让人难以接受，因此想留住有潜力的人才，自我壮大是一种方向，否则就要适当加强管理的灵活度。对员工而言更加简单，能力提高到公司舍不得放弃你的程度，自然可以享受种种待遇，即便谈判不成也容易另寻相投的东家。如果L小姐毫无发展潜力，相信也不会那么容易跳槽，她的离开更不会对原来的老板带来任何触动。当然，增强实力需要相当时间的积累，除了强势出击争当规则制定者之外，沟通也是一种选择——公司与员工尽可能达成理解和共识，制定出较为合理的规则，并营造出比较开放的氛围。

时间管理：责任与效率

设计公司的时间管理在过去很长一段时间里是比较无序的。加班是常态，以至于很多人硬是磨成了夜猫子，熬夜干活，白天补觉，因此也就无所谓考勤。但现在也有不少公司开始提倡不加班、作息正常化；更有公司开始仿照一些境外或外资大型事务所，采取timesheet来监控工时的合理利用。

记得一位资深杭州设计师曾有过一段妙论，他认为设计公司完全可以不加班，如果一定要加，通常都是出于三个原因：一是老板不会管，流程安排不合理导致效率低下；二是老板太贪，接了过多项目；第三也不排除很多人已经习惯了夜间工作，不加班不出活儿。很多提倡正常作息的设计师认为，工作时间和非工作时间的模糊，反而会造成浪费时间。有的人就会正常工作时间内拖拖拉拉，甚至玩游戏聊天，非要把事情拖到下班后。做老板的以为反正不付加班费也就无所谓，殊不知无端延长工时既会造成运营成本的增加，也会养成员工的散漫习惯。

但也有一些设计公司的老板对此不能认同。他们认为做设计加班天经地义，往往特别不能接受员工不加班，做不完事当然要加，已经完成了份内的工作量也还是该加，因为"不是做完了份内那点事就是好员工，首先要看看完成质量怎么样，有完善的空间就不该凑合。眼里要有活儿，多做点不会吃亏，这样才有机会锻炼。我们到了这个年纪这个地位也要加班，他们不加能有出息么！"这话听在80后的年轻人耳朵里，简直是一篇"私人时间侵权宣言"。他们的反应是：只要完成工作任务，如何安排私人时间是我自己的事。作为劳资双方中的资方，老板可以建议，但无权强制。

基本上，加班不加班主要还是取决于企业文化，一般而言，加班成风或6点清场，大家只要习惯了就不会有太多争议，更富有争议性的是一个外来新鲜事物——timesheet（工时表，最早大约是从广告公司兴起的，未做考证，姑妄言之）。在不事物质生产而依靠人力资源产出的创意行业中，每个项目所耗费的员工工时就是公司的主要成本，工时表即主要用于监控服务项目所耗工时。对于设计公司来说，比较适合人数在30人以上，同时进行项目超过4~6个的公司，规模较小的则未必有此必要。

很多外资机构采用工时表完全是已形成习惯，而国内的设计管理者套用这套模式后，实际效果反应不一，有的觉得效果明显，有的则感到仍需观望。而员工们则大多颇有微词，抱怨说"每天为了填这个表就要费不少时间"，还带来很多无谓压力。往往要到公司祭出封杀邮箱、不给报销（timesheet显示工作时间超标才能报销车费餐费），才会一百个不情愿地补填。

一位有四五年填表经验的设计师曾经比较客观地对笔者归纳过timesheet的优劣：其本身确实在核算监管时间上非常有效，可以让项目成本实时可见；员工业绩更易于核算；管理层可以实时准确掌握和控制项目进度和人力调配。但是，其效果究竟有多好，是与公司各方面的管理制度与体系密切相关的，如果其他方面的管理都很松散混乱，工时表也不会发挥多大作用。比如其中idle这一项，字面意义就是“无事可做”的时间，其存在自有其现实及统计意义，但是很多公司预先便告知员工在这项上不能填写任何时数；再加上很多设计师通常同时服务于数个项目，每天的timesheet需要写得密密麻麻，光填表就耗去不少时间，万一隔了几天没写，根本记不住具体项目，可能就乱写一气，使得整张表实际上失去了统计意义。因此，如果公司希望更好地发挥工时表的价值，最好不要全盘照搬他人体系，而是要研究出适合公司自身状况的合理表单，并完善各项管理体制，同时要让员工清楚地了解到填写诸多项目后产生的结果是什么、意义何在，那么员工可能就会更好地配合。

职业规划：知人与自知

在一场设计师交流活动中，一个入行未久的小伙子问某设计事务所主持人，其公司招人的标准如何，对方回答：第一看表达能力，第二看形象，第三看设计能力。很多年轻设计师为之哗然。这位主持人倒是很坦诚，他解释说，不同设计公司对人员的需求不同，他们那种二三十人的事务所，打的是老板本人的名气牌，他自己设计能力够强就可以了，其他员工主要是起一些配合辅助的作用，所以更重要的是对内对外与人相处、沟通的能力。要是手下人设计做得太好，老板反倒要担心被抢饭碗了。如果是大型设计院招人，可能就会更为看重设计经验和能力了。

对于饱受学校精英化教育和媒体明星化引导的设计专业学生和初入行的新进设计师来说，这番表白不啻于晴天霹雳。他们可都是满怀着成为明星设计师的远大理想踏入社会的，当发现自己要日复一日重复着一些没什么技术含量的简单体力劳动，距离大笔一挥就砸出一个精彩设计的日子遥遥无期，怎能不仰天长啸怪老天无眼不给自己这种天才机会！

两方对彼此预期的落差，导致了双方交流的困难。很多设计管理者抱怨现在的年轻人不踏实，自己各方面都还那么欠缺，就应该利用一切时间来完善自己，没事多看看好的设计案例，跑跑材料、产品市场，他们却只顾着玩些无益的游戏、上什么无聊的开心网种菜偷菜，有一分的才华就有十分的脾气，小不如意就跳槽，根本无从培养年轻人则觉得老板完全是出于自己的私利以一些冠冕堂皇的名义行压榨他们之实，说是要根据他们的资质培养他们成为专长，实际上不过是忽悠他们长期甘于打杂的借口，真正重要的环节处处留一手，根本不给他们学习的机会和成长的空间。

一位知名上海设计师谈及这种状况时曾说到，或许大家都该平心静气一些，好好看清自己，也真诚地了解一下他人。其实一个真正的好设计师，一定是有一个好的团队在背后支持。国内的行业风气比较不健康，做概念设计的好像就高人一等，做软装、设备、实施的好像就是跑龙套的，这完全不对。国外一些好的设计事务所，各细分专业的设计师都是很平等地共同参与设计，结构、灯光、施工任何一门做得好都会受到行业和媒体的尊重与肯定，这样整个项目才能在各个方面都达到专业和完善，并最终协调起来成为一个统一体。年轻人实在没必要重彼轻此，如果自身条件特别适合某一类工种或项目，做个“提案专家”或“洗手间专业户”也很好。至于公司老总们，如果有恨铁不成钢之心，也该人性化地引导，比如组织一些有价值的培训和参观，相信即便是占用了私人时间，真正想上进的员工也会乐于参加；若确有藏私之意，只要能接受公司只维持不发展、有追求的人员难以留住的局面，那自然也各随其便。

归根结底，在设计行业这样一个人力即资本、人力即生产力的行业中，上班那点儿事，无非是每个人平衡自己和他人权利与义务的博弈。不同时代、不同背景环境下成长的设计人们，世界观价值观也多少会有差异，当然会存在看不懂、看不惯的情况。对于种种上班的“事儿”，普适于所有情况的解决方案是没有的，但无论老板还是员工，无论大牌还是新丁，都有选择自己道路的权利和为自己行为负责的义务。如果可以多一些虚心和沟通，少一些浮躁和急功近利，或者“上班那点儿事”，也就自然会“算不上事儿”。END

现代其形，虔敬其神

撰　文 | 立秋

位于韩国公州的曹溪宗佛教中心和位于釜山的九德教堂，是韩国著名建筑设计师承孝相先生在 2005 年、2006 年的新作。仅从外形来看，这两组建筑几乎不带有传统宗教建筑的符号或标志，这其实也是进入现代社会以来宗教建筑形制流变发展的趋势。从柯布的朗香教堂，到安藤忠雄的光之教堂，再到卒姆托的小礼拜堂，宗教建筑，特别是教堂建筑，越来越舍弃了宏大叙事的结构、体块厚重的石材、高不可攀的穹顶、幽深的圣坛、辉煌的彩绘玻璃窗和壁画，转而采用以玻璃、混凝土为主的多种材料，精简掉繁复的装饰，运用现代建筑语汇营造更为内省、更为个人化的宗教气氛。

在这两个为不同宗教设计的建筑项目中，我们可以看到一些相似之处，比如表皮，比如开窗的方式，比如宽而和缓的楼梯道。作为一位已经设计过十余个教堂，以"贫穷的美学"著称的设计师，承孝相曾经在文章中这样谈到：

"其实，基督教堂不应该有什么原型。出于对耶路撒冷教堂被诫命的阐释牢牢束缚的失望，耶稣基督招呼他的信徒到山巅或海边聆听他的布道。所以，当我们希望与主相会之时只能到教堂里去见他的想法，在某种程度上是对基督教义的亵渎。

如今，关于教堂建筑，我最为关注的首先是对于宗教建筑和伪宗教建筑的混淆。看到那种完全不理解其精神而拙劣模仿哥特式的伪哥特式建筑，那些带尖顶的伪教堂和屋顶上的霓虹灯十字架，我感到十分痛心，因为它们被误以为就是宗教建筑的普世形式。而事实是，尽管这类教堂坚持自己是宗教性的，它们紧紧封闭的门墙却从来没有提供过哪怕一丝一毫宗教气氛。

比如在马山教堂中，我要强调的并不是礼拜堂本身，我试图呈现一幅基督徒去教堂的过程的图景。我觉得，当一个基督徒离开家，准备到教堂去的时候，宗教活动就已经开始了，而不是到了教堂之后才开始的。我就是想使这种与教堂密不可分的情感'建筑化'。我的野心大到要把基督徒慢慢走上小径或伸展的斜坡的过程囊括进来，创造出一种宗教景观，这样一来，'召唤的神迹和回应的荣耀'不就昭然地被揭示出来了吗？我把这称为'宗教庆典'。"

由此，我们似乎可以看出一些身为基督徒的承孝相对宗教性的理解，那是一种谦卑、求索、质朴、真诚的姿态。现代社会中，一方面，宗教中原有的被全社会共同尊奉的伦理道德规范的因素被大大削弱了，宗教组织对教徒的精神控制神也大为降低，而更多地转化为教徒个人对教义的解读与体验。与之相适应的，是宗教建筑由表达神的意志转向关注个人的内心宗教感悟。另一方面，宗教中也有不会随时空改变而流转的因素，那是人类对自身命运与未知世界的追问、解释，对自身在宇宙中位置的认知与安立。凭借着这些，人就能够在这个日趋复杂与迷乱的世界上，找到自己安身立命的基石与方向，找到自己这个短暂生命中的存在意义。如果说，宗教建筑中的现代性问题可以用现代建筑语汇来解决，那么，如何表现这种难于言表的宗教性内涵，则是所有设计宗教建筑的设计师，需要不仅以自己的专业技能，更以自己的心来回应的问题。END

九德教堂
GUDEOK PRESBYTERIAN CHURCH

撰　　文　承孝相
翻　　译　白露
资料提供　履露斋建筑师事务所

地　　点	韩国釜山
竣工时间	2005年
基地面积	1758m²
建筑面积	5411m²
建筑规模	地下三层，地上七层

到首尔上大学以前，我一直住在釜山；更准确地说，我似乎就住在一所教堂里。我的童年和教堂是分不开的。当时那座教堂是我父亲亲自创办并建造的。我家就在教堂旁边，因此我的个性成长深受教堂环境的浸淫，父母虔诚的基督教信仰也对我影响颇深。加尔文主义是我的精神基础，基督教义手册开篇的“人类的基本目的”是我一生的读本。每当身处教堂，我的身体和灵魂都无比舒畅。因此我相信，真理使人自由。

教堂的庭院曾是我的游乐场，钟塔的阁楼是我的阅览室，我和种在院子角落里的无花果树一起长大。当我动身去首尔的时候，面对有着我此前的人生轨迹的礼拜堂，向上帝做了最后的祈祷，告别了教堂。到首尔后，我几乎没去过教堂了。对于釜山的教堂的记忆使我在其他教堂前却步。

去年夏天，我离开九德教堂35年后，一位早已忘却的釜山的旧友打电话给我。教堂要重建了，而我无疑是有资格担任设计师的。我心不在焉地听着，但是忽然间我明白过来，于是赶紧让他详细说说。他告诉我招标竞赛的消息已经刊发在当地报纸上了，他嘀咕着因为我已经是“知名建筑师”了，所以教堂的人认为我不太会对这么个小项目感兴趣，甚至我可能都把这个教堂忘了，因此他们也没有通知我。我不能不参加此次竞赛，经历了两个月一系列过程后我最终胜出比赛。

当然，我无论如何也是要做这个设计的，最起码为了我自己。我在礼拜堂里做的那个对上帝的最后祈祷，或许不算是个成熟的誓约，但我从来没有忘记过。

我在“空间事务所”的时候，马山天主教堂是我负责的第一个教堂设计，因为金寿根老师对天主教和新教的教义都不太了解，所以他在教堂设计方面给我很多发挥的空间，也让我有了实践的机会。坦白地说，马山天主教堂或许是另一个版本的九德教堂，也包含着我的童年记忆——登上教堂前的缓坡，洒满阳光的教堂的院子慢慢呈现在眼前，总是那么温暖、祥和。每次我走进门口，都仿佛进入了另一个世界。

到目前为止，我一共设计了将近10个教堂，每个教堂都差不多。其实建筑的外形都是不同的，我说的相同是指空间的构成。比如进教堂，都要先走过一个缓缓的斜坡，打开教堂的门，阳光和静谧迎面而来。进去是一个院子，院子里种了几棵树。这些步入教堂的路线都是相同的。路上那些道路、缓坡、院子、树、墙，都是教堂中非常重要的建筑要素。在我设计的东山教堂、中谷洞天主教堂、Tolmaru小天主教堂中，都具备这些要素。这不仅是我最喜爱的建筑语汇，你也同样可以在很多大师的杰作中发现它们。很多人把这些元素仅仅理解为求道的一部分，但我认为它们本身就是宗教性的。我设计的教堂从来不是直到讲道坛、祭坛才能完成，也不会把整个世界二分为世俗和神圣两个区域。

新的九德教堂的基地上还保留着我小时候住过的房子，那是我父亲建造的。我很惊讶，在我离开家40年后这房子还存在着，连门前的窄巷也都还留着。纠结于建筑上的记忆特别持久，当我再来到这里，我几乎被过去的各种记忆吞没了。我试图把这些记忆包含在新的九德教堂里：巷子、院子、无花果树……虽然是抽象的，但我会用设计把这些元素表现出来。这个教堂设计的完美对我来说有重大意义。我或者可以因此卸下我肩上的沉重负担，又或者会承担起更重的……不管怎样，我遵守了35年前许下的承诺。END

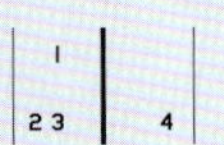

1 内部庭院
2-3 草图
4 总平面图

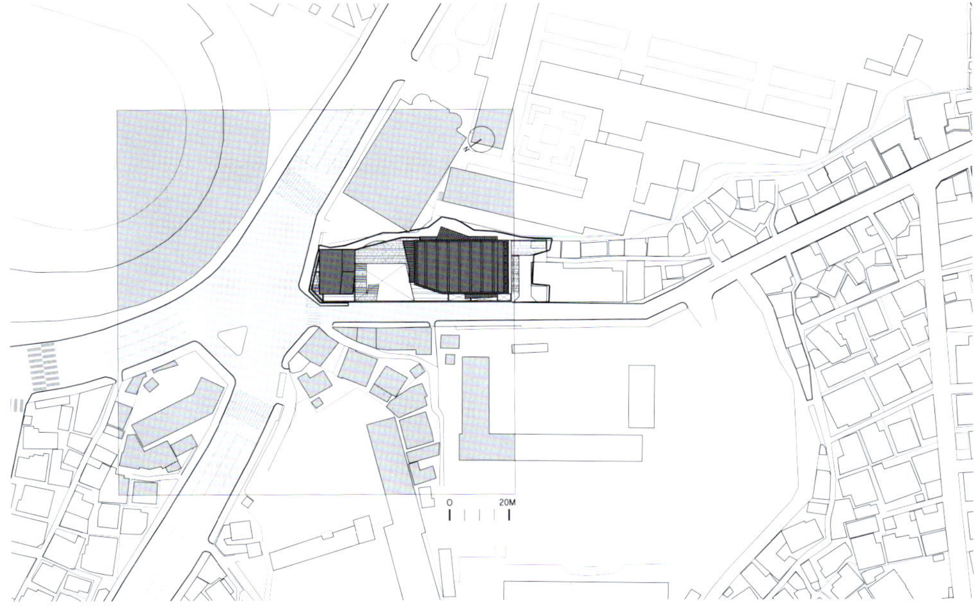

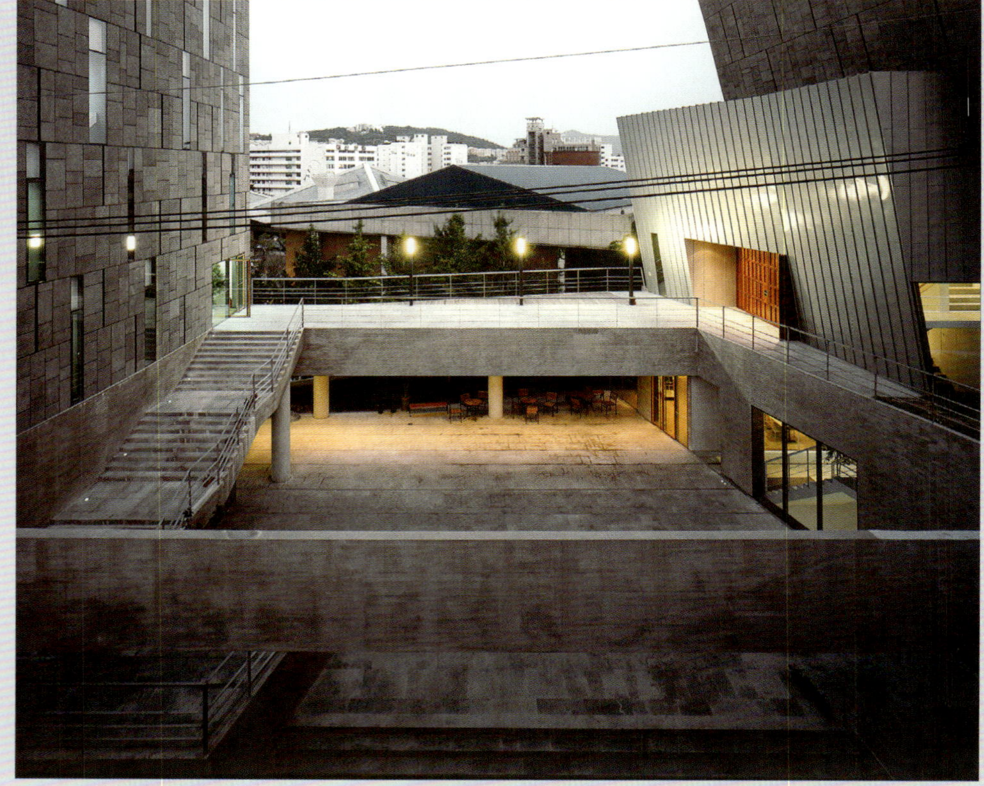

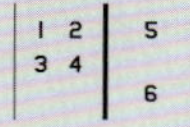

1　基地环境
2-4　从各不同角度看建筑外观
5　外立面局部
6　各层平面图

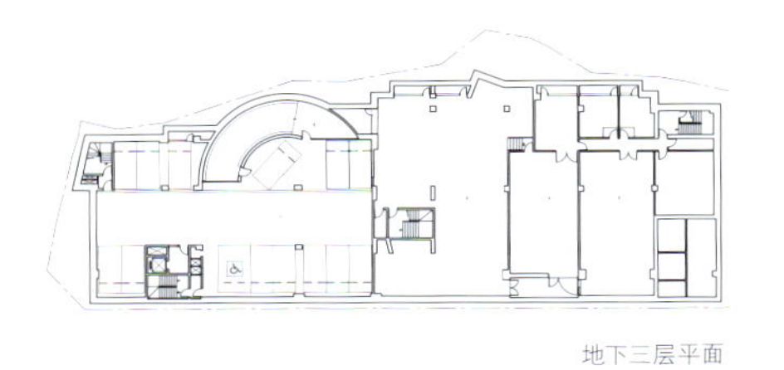

地下三层平面

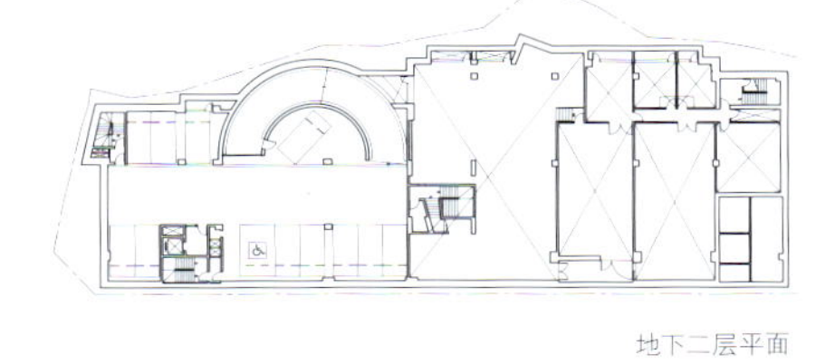

地下二层平面

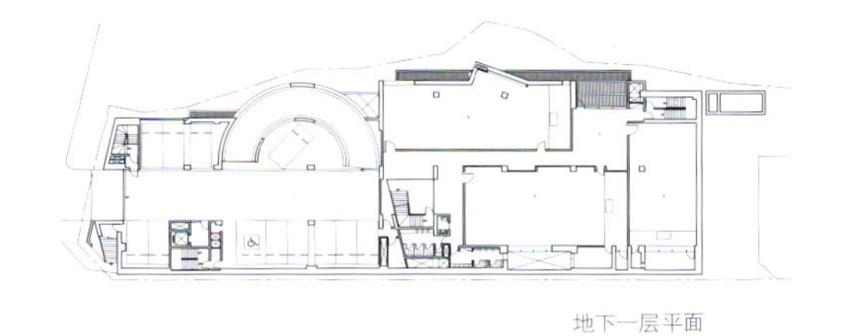

地下一层平面

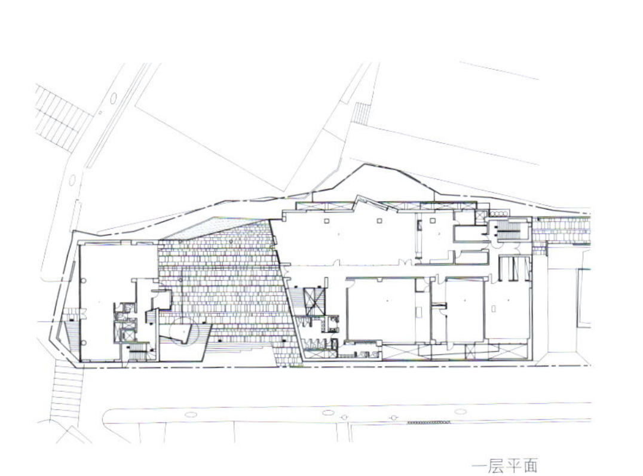

一层平面

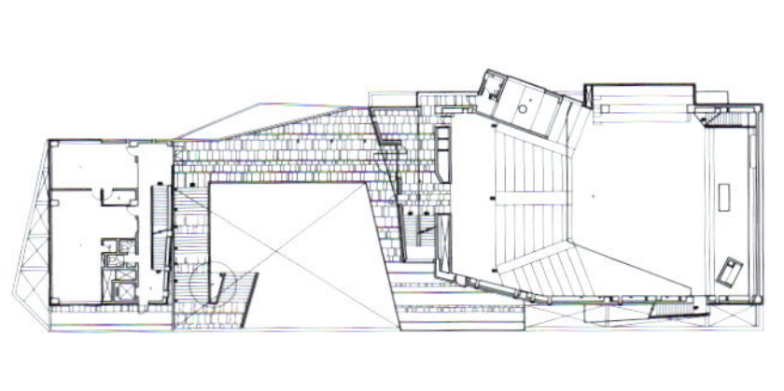

二层平面

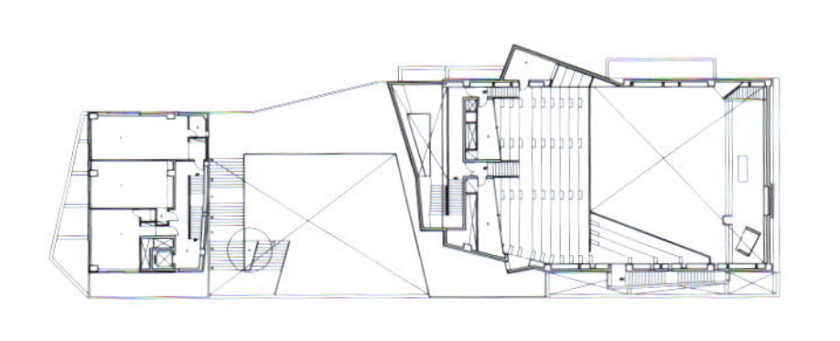

三层平面

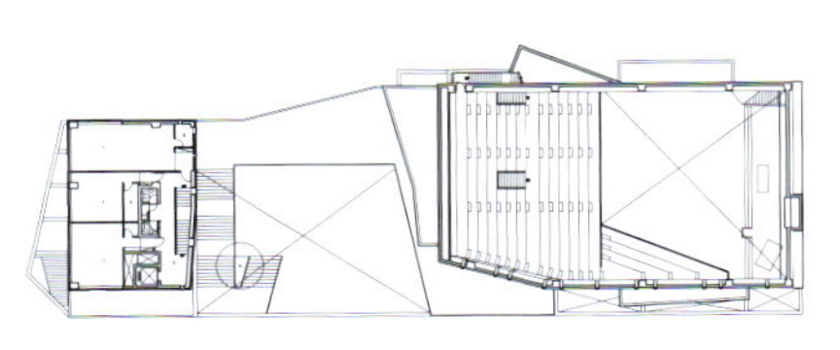

四层平面

五层平面

六层平面

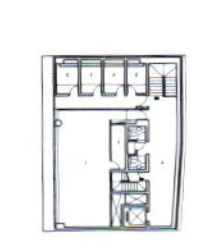

七层平面

1.2.5 夜景

3-4 剖面图

6-7 窗的借景，消弭了室内外的视觉间隔，为简洁的室内增添了丰富性和变化性

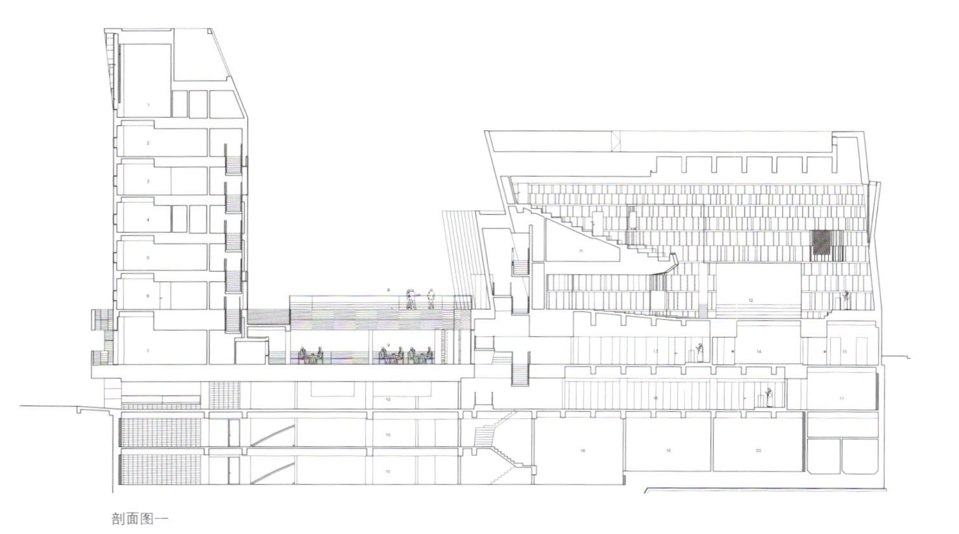

剖面图一

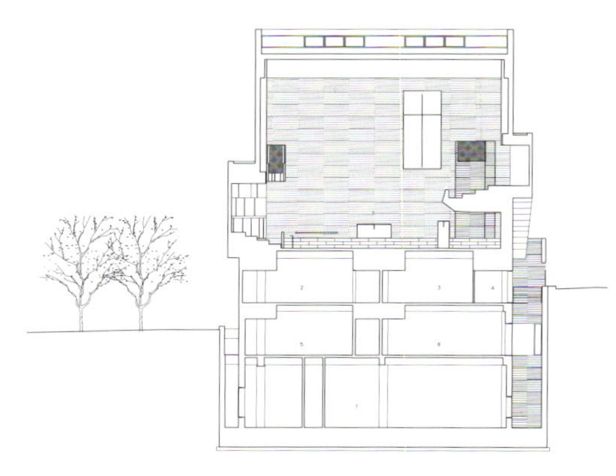

剖面图二

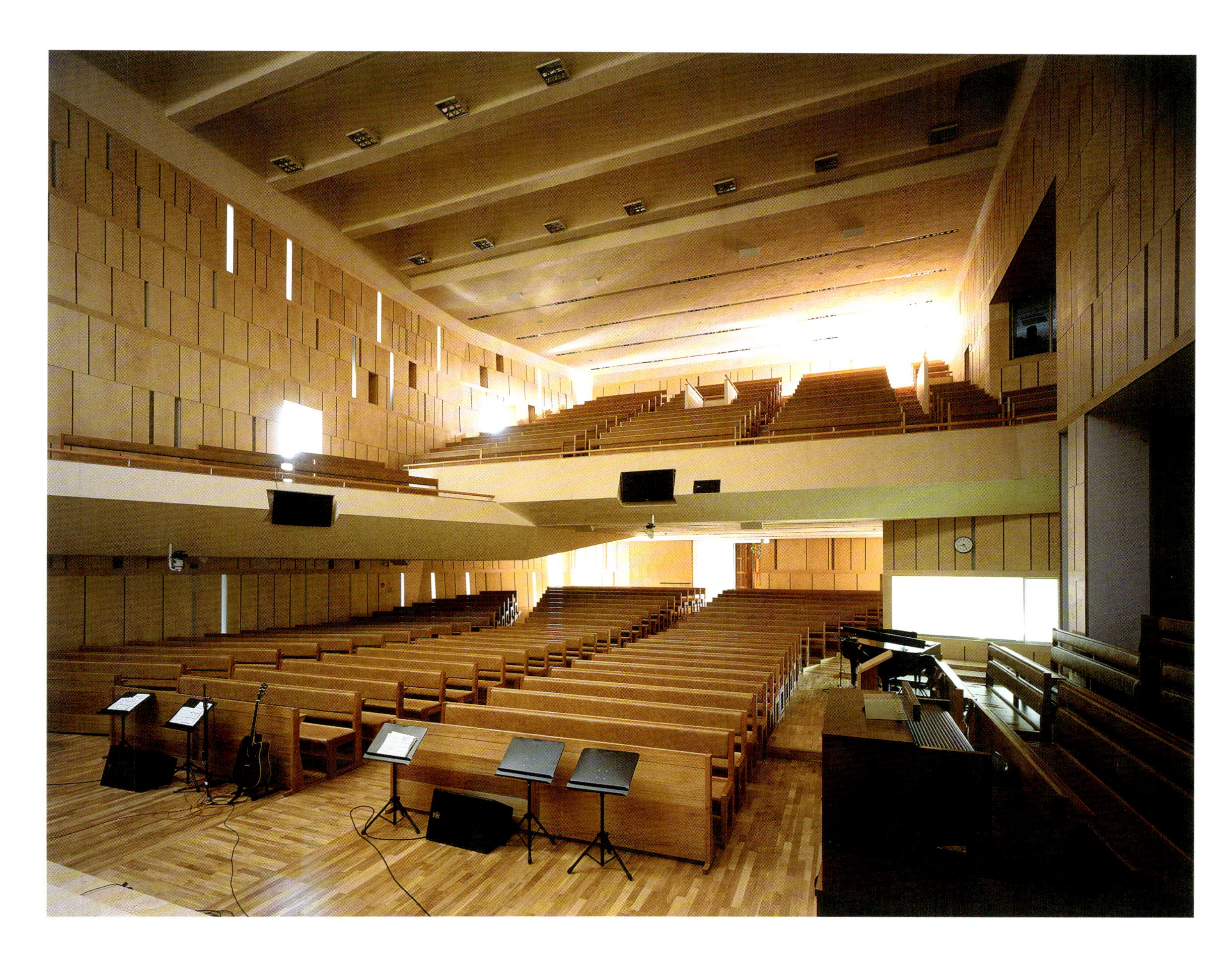

1	2
	3 4

1-2 自然光与人工照明的结合，既保证了充分的采光，同时营造出优美的光影

3-4 建筑细部

曹溪宗传统佛教中心

JOGYE OF ORDER, TRADITIONAL BUDDHISM CENTER

撰　　文	白露
资料提供	履露斋建筑师事务所

地　　点	韩国公州市
竣工时间	2006年
基地面积	14867m²
建筑面积	10050m²

1 沿着平缓的楼梯，来访者可平静地步上一组小房子组成的佛教中心
2 总平面
3 整组建筑依山而立，临水而居

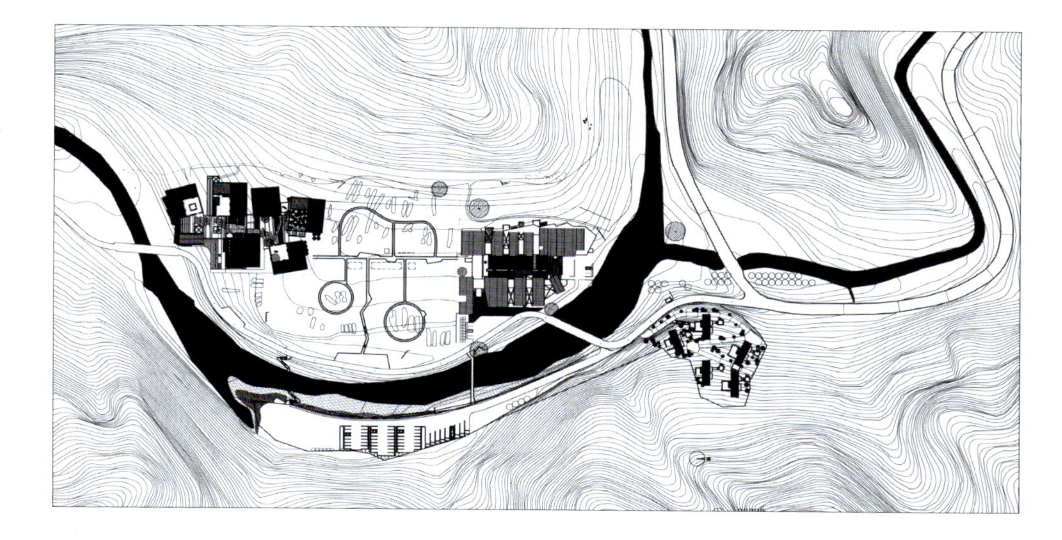

现代韩国佛教分为十八个宗派，其中，以曹溪宗与太古宗为二大主流。曹溪宗起源于新罗末期创建的迦智山门等九山禅门，在传承中国禅法的同时，开创了韩民族精神文化的新的一页。1962 年，汇合性宗派大韩佛教曹溪宗正式成立，从此开始了其现代历程。汇合性宗派曹溪宗的三大目标是培养徒弟、译经和布教，直到今天亦是如此。

曹溪宗传统佛教中心于 2006 年建成，位于韩国公州麻谷寺附近。燕歧——公州地区曾是朝鲜半岛古代百济国的首都，如今即将成为韩国新的行政首都。麻谷寺是忠清南道的名刹，由慈藏律师创建于 640 年。麻谷寺上依太华山下傍太极川，所在地的山和水呈太极模样分布，经历了朝鲜时代（1392 年 ~1910 年）的多次战争，却丝毫没有受损。佛教中心的功能设定是一组融宗教、教育、研究、寄宿及辅助设施为一体的建筑，旨在促进传统宗教与艺术的商业用途。基地内被山谷、岩石和芦苇丛占据。所有结构的设计都经过深思熟虑，充分考虑了山脉、地势及溪流状况。

建筑外形并非传统寺院建筑的形制，而是体现出简朴的现代主义风格。这与曹溪宗的特色也有契合之处。曹溪宗以“直指人心，见性成佛，传法度生”为宗旨，提倡“按照佛法生活”，主要进行参禅修行，但也允许进行看经、念佛、咒力等其他修行，这使得曹溪宗逐步形成了其作为会通佛教的传统。建筑设计也试图同时和谐地表达出现当代的时代特征和曹溪宗佛教的传统风格。

通过道路和庭院的设计，设计师将所有单体建筑联结成一个整体，创造出类似别墅群的小型建筑综合体。禅室为本地及外来信徒提供了冥想空间；“空之庭院”位于综合体中央，包含了大大小小的房间；各座教育和研究建筑可用于各类佛教学习及研讨活动，也可用于举行国际会议。

此外，基地内还设有佛教徒专用餐厅、报告厅、研讨室以及一个大型会议厅。阶梯式礼堂充分利用了屋顶层和景观地形，可用于进行各类户外活动。佛教学者的房间靠近溪流；管理办公室内有一斜坡可从经由小路直达屋顶庭院。寄宿区的布局可让住宿者观赏到各种美景。溪声山色，或许都可成为修行的助缘。END

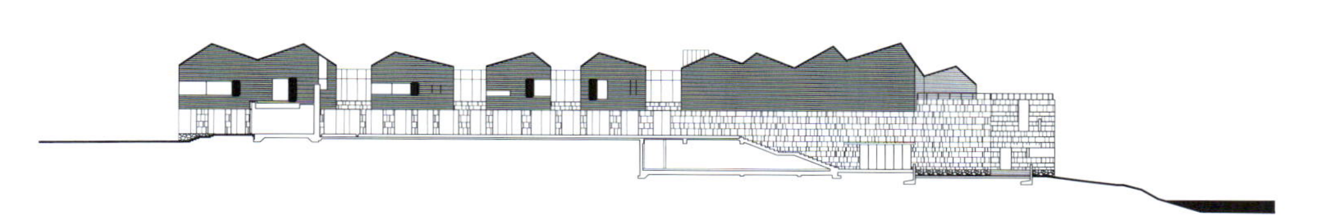

1 现代的表皮下，是肃穆的灵魂
2 东侧立面图
3 中庭横向剖面图
4 远山映衬下，建筑体块和谐排列，一面简洁的石墙烘托出佛像的庄严
5 各层平面图

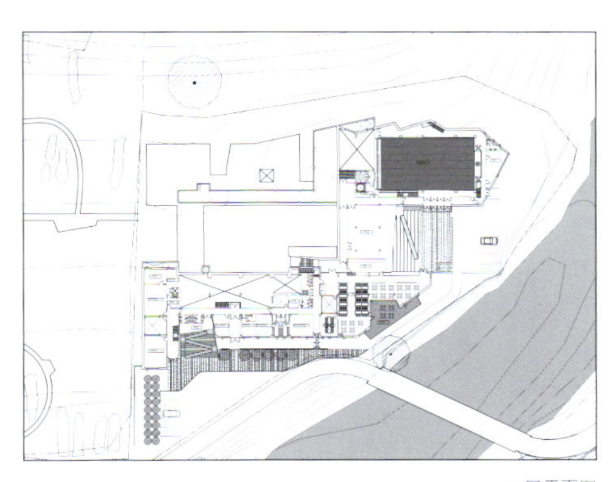

一层平面图

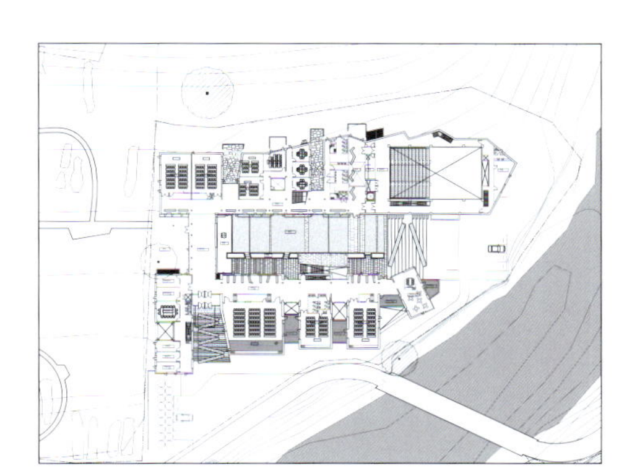

二层平面图

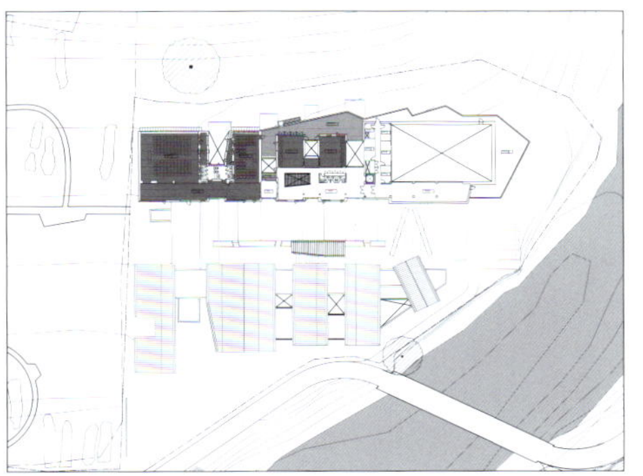

三层平面图

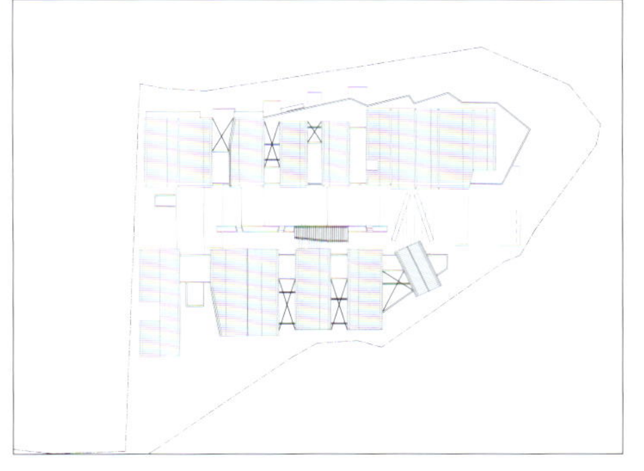

屋顶平面图

1 2 | 3 4 5

1 间歇室
2 茶室内部
3 讲堂前的走廊
4 讲堂内部
5 禅室内部

芬兰 当代设计一瞥

CONTEMPORARY FINNISH DESIGN

撰文 | 迎风

从飞机上俯瞰芬兰首都赫尔辛基，只有白色与深褐色，直笔笔的桦树朝向云天，伴着飘过的云雾，如临仙境。这是标志性的芬兰景象，但与其形成鲜明对比的，是芬兰人的生活。芬兰建筑大师阿尔瓦・阿尔托曾经说过：”在地球上创造一个天堂是设计师的任务。” 这句箴言可以看作是芬兰设计的灵魂术语。

什么是现代芬兰设计？用三个词来概括，那就是：纯粹、简洁和洗练，典型的斯堪的纳维亚风格。但当代的芬兰设计是否一如阿尔托时代呢？在这个全球化的时代，设计师们经常游走于世界和本土之间，一个地方的地区特点变成没有特点。然而目前，恰如在爵士乐的即兴表演中所体现的那样，对于建筑，过去的传承和相互间的关联是重要而且是必需的。

如果不能与当今建筑形式的动荡不安合拍、如果赶不上这个行当内流行的语汇和偶像，当代设计师们是否就会迷失自己？或者，是否小国的作品反而看起来更民族化、更本土化，只因它们自身的现代建筑力量非常强大？

我想，芬兰的当代建筑物之所以如此赏心悦目，很大原因就在于芬兰的主力设计师们已经开始意识到这些问题，同样也意识到空虚的理论之于建筑，如同海绵敲打窗户一样无力。他们将自己对于新理念和其他学科的影响和激情转化为更深刻的、更富想像力的建筑，在尊重芬兰传统设计文化的基础上，释放了他们新能量的独特能力。

温暖的芬兰现代主义

我们总觉得所有的建筑物样子看起来都很像，这个风格是跨国的，无论你在上海，你在北京，在纽约，在柏林，在伦敦，现代主义建筑总是感觉很相像，但是难道现代主义就只有这样的一种跨越国界的风格，而不会受到各国自己的文化和历史的影响？芬兰设计就是这么个例外，它让我们看到了如何把现代主义的精神融合在芬兰文化里面，如何找出一种芬兰式的风格。

有别于德国式的冷峻，芬兰的现代主义带有温暖的情感。当现代主义来到北欧后，那里的设计师并未一味受到普遍主义的规条，而是将现代主义与地方传统融合起来，认为“线条应该带有一丝微笑”。芬兰的本义为“终结之地”，长年为冰雪覆盖，形成芬兰人审慎静思的品质与对自然之美和阳光的热爱，这些反映在设计中，也形成了一种温暖的现代主义。

芬兰的设计师多以自然和生态为设计地，从优美的大自然中汲取灵感的同时也懂得有效的利用资源．比如在建筑方面，设计师们不轻易改动四周的自然环境，让想像创造溶入自然的生长中。即使在不同的季节，不同的光线下，房屋也是与自然融为一体的。

透过整片透明清晰的视野，公共建筑与外在的生命相互交融，市民们可以在一幢幢美感十足的建筑物中俯瞰、感受四周环境的变化，深深拥有着屋里屋外的一切，望着枝叶从嫩叶到枯萎，严冬虽然悄悄来访了，却也能在温暖、明亮的建筑中拥抱美感、艺术与文字。室外的黑与灰，与屋内的亮与暖，在众人都能共同分享的窗里、窗外，体会生命与自然界可以形成如此强烈的对比。

芬兰当代设计师们喜好大量使用玻璃质材，结合红砖或是水泥，和最能彰显北欧天然气息的原木，所构筑而成的近代新式建筑设计，这些都广泛出现在北欧各国的各类公共和私人建筑中。位于芬兰古都图尔库的图尔库图书馆就是这么一个结合了水泥与玻璃材质美感的建筑，而在洛瓦小镇的公共图书馆里我们也发现，设计师对红砖与透明玻璃材质的偏爱。

回归传统的木质建筑

木材是人类所知最古老的建筑材料。与广泛应用的其他材料相比，木材仍有着独特的属性——易于取得，便于加工，隔音隔热。而位于北寒带针叶林带的芬兰，可以说是个用木材搭起的国家。芬兰有三分之二的国土为森林所覆盖。人们传统上将木材看作该国自然环境和建筑风格的双重标志。而在过去四十年中，作为基本构架和覆盖层面用料的建筑木材，其使用量却大大减少。现在，木材在建筑基本架构和外装潢领域都有了新的用武之地，在过去的城市和乡村中木材所扮演的重要而抢眼的角色正在悄然复兴。

芬兰设计师在秉承创新精神的同时，并没有抛弃精神层面的连贯性，而这种连贯性正是使人舒适惬意的关键所在，他们对木头这一芬兰传统建筑材料进行了创新的使用，创造出系列木质建筑典范。比如那座仿佛能聆听到天使声音的Viikki 教堂，这是座木质教堂，设计师在外立面使用了木瓦，造成了波光粼粼的视觉效果，而室内多处原木材质的使用加上温暖的原木颜色令教堂产生出宁静而祥和的气氛，达成空间的统一；而芬兰 METLA 森林研究协会大楼则是芬兰第一座大型木质办公建筑，这座体量颇大的建筑创新地完全用木材作为结构支撑体系，而裸露在外的木质结构本身就成为一道视觉盛宴。

建筑师使用木材时要考虑到它的用途，同时对其特性也要有充分的认识和把握。只有尊重木质材料本身的特点才能设计出优秀的建筑来。倘若木质建筑不能“诚以待人”的话，其使用寿命自然难以持久。这对木建筑设计来说确实是个挑战。记得一位芬兰设计师曾对我说，木质建筑最大的好处就是可以随着时间的改变而改变。与其他类型的建筑一样，它既承载了建筑业的过去，又面向未来。然而岁月的痕迹、人为的养损、环境的侵蚀等在木建筑里随处可见，当然材料内部朽坏也是必然。木建筑不是金刚不坏之身，需要照顾和维护，就像我们人类一样。

完善的芬兰建筑设计比稿制度

芬兰在 1892 年成立了建筑师俱乐部之后，来年就展开筹划首次建筑比稿的草案；当时的典章规范以及各类建筑竞图的评审与决议制度大多参考自瑞典模式，其中包括有开放式的比稿以及邀约式的竞稿等两种。1919 年，建筑师俱乐部正式成立了“芬兰建筑师协会”（The Finnish Association of Architects，SAFA），而建筑比稿的制度与运作，就交由这一个独立自主的机构来主掌1947 年起，这协会更设立了单独的评审委员会，以进一步确保比稿过程的完善公平。 每隔十年，芬兰建筑师协会就会针对建筑比稿的规章做些修正，因此，芬兰的建筑竞图模式和建筑人才的培养方式，也在至少 130 年的历史过程中，不断的求新求变与精进。

建筑设计比稿不仅提供环境探索与不同材质试验的多样性与价格参考，还能促进新计划的发展与执行方式，有效地以建筑师或设计群的计划作品质量来决定，而不是只以低标价格或纯粹成本计算为标准。这种形式可以为一项工程，不论是公共还是私人的建筑或都市计划，带来更多与更好的社会关注、规划意义和长远运用价值。

在过去的 130 年间，芬兰建筑界举办过多达 2000 件的设计竞稿；其中不到三分之一的建筑数量为自由开放式的比稿，也就是说有多达三分之二是特定的邀约竞稿。建筑比稿通常会出现在芬兰城市的市区与城镇计划、戏剧院、图书馆、学校、教堂和基督教会的大型教区文化中心，更包含了不同市政府办公大楼以及外围机构的整体设计。一项比稿竞赛的评比结果，通常会评选出前五名；因此这类的比稿参与对于整体社会来说，不仅可以非常有效率地选出最佳的设计组合，也能让预算与执行上更加透明化。

芬兰在 19 世纪最初刚开始举办建筑比稿的阶段，如芬兰中央银行（Bank of Finland）及随后的几个大型建设案，获胜的建筑师都是其他国籍人士。直到 20 世纪初，芬兰的建筑师才如雨后春笋般逐渐展露光芒，赢得不少日后具有地标意义建筑物的设计比稿大赛。

比稿制度为整个芬兰的建筑思想与创作，带来非常深厚、长远的影响，在 19 世纪末接近 20 世纪初期，众多比稿设计是以民族浪漫主义为基本风格，一直到了 1929 年芬兰国宝级设计大师阿尔瓦・阿尔托以其著名的功能主义设计型式，赢得 Paimio Sanatorium 疗养院的建筑设计比稿竞赛。在 1990 年代时，芬兰首都赫尔辛基的现代美术馆建设案，就是开放比稿竞赛给所有北欧国家以及四个来自其他不同国家特别邀请的建筑师参与。这场竞赛非常激烈，最后共有 516 个建筑提案分别呈现、角逐，但胜出者是美国建筑师斯蒂文・霍尔的作品。

芬兰现今众多令人瞩目的建筑或城市规划，很多是来自于建筑竞图和提案比稿，从芬兰中央银行（1876 年），到芬兰国家美术馆（Ateneum Art Museum，1894 年）、旧国会议会大厦（House of Estate，1889 年）、芬兰国家戏剧院（National Theatre，1899 年）、国家历史博物馆（The National Museum of History，1901 年），这些经过严格竞图比稿后兴建的地标建筑物都是超过百年的重要建筑，充分代表着每个不同时代的风格与历史氛围。

除了国家与政府的公共建筑工程竞图比稿之外，私人企业与公司行号的商业营运或是办公大楼，也分别在 19 世纪末期开启这类型的公开建筑比稿风气。而一个城镇的设计，从城镇的市中心、公园以及十字路口交通规划，甚至红绿灯等各式不同的公共建设也逐步扩大跟进，运用比稿方式找出最佳方案。重要大城市规划的竞图，从 1900 年初期形成了“制度化”的比稿评估，为芬兰现代化的市镇风貌，找到最专业、最符合人性需求的设计规划。

确实，这种建筑比稿竞赛的确提供了所有专业建筑师和建筑系学生一个最佳的学习与竞赛发展的平台，也让许多期待一展才华的年轻设计师们能有脱颖而出的实战机会，除了展现他们的才华与构想，也开始学习独立作业，让理想与实验性的设计能借着实务而发挥出来的场合。

虽然，建筑比稿之于全国各个建筑工程案来说，比例上并不高，但是，这个机制却能带来高度共识的典范与规章。对整个芬兰建筑界与建设环境、使用者与居住者的影响，就是寓意深远的良性循环，而其中逐渐累积出来的深邃冲击，以及社会大众的长期浸染，都超过百年之久。END

JKMM 建筑事务所

INTERVIEW WITH ASMO JAAKSI PARTNER OF JKMM ARCHITECTS

撰　文 | Vivian Xu

1998 年，四位合伙人 Asmo Jaaksi、Teemu Kurkela、Samuli Miettinen ja 和 Juha Mäki-Jyllilä 在芬兰首都赫尔辛基共同创办了 JKMM 建筑事务所，目前该公司已有 19 名雇员。在过去几年内，凭借其创新设计的能力，JKMM 在芬兰举行的重大建筑比赛中多次摘取大奖，此次，更是夺得了 2010 年上海世博会芬兰馆设计竞赛的第一名。而他们的另外一个设计方案亦夺得了该项比赛的第三名。目前，JKMM 事务所涉及的业务已包括建筑设计、室内设计、城市规划以及旧建筑改建多个领域。

在对他们的采访中，笔者发现虽然这是个以创新为特色的事务所，他们也大量使用了新材料和新技术，但对他们来说，仍然坚持以人为本的设计原则，没有抛弃精神层面的连贯性，而这种连贯性又正是使人舒适惬意的关键所在。在此后的项目介绍中，图尔库图书馆与木质教堂即 Viikki 教堂均是他们的作品，他们通过对混凝土以及木料等传统材质的创新运用，创造出了别有特色的芬兰当代建筑。

ID=《室内设计师》

A= Asmo Jaaksi

ID 向我们介绍一下您的职业经历吧。

A 在我选择我的职业时，并没有一些惊心动魄的奇妙故事。当我在学生时代时，我就对设计行业产生了浓厚的兴趣。现在仍然如此。在我们的公司里一共有四个合伙人，我们在学生时代时就非常熟悉了。之后，我们就在一起参加许多竞赛，在获得了图尔库图书馆项目竞赛的一等奖后，我们就成立了一个真正的公司。

ID 可以描述一下您平日的典型工作状态是如何吗？

A 我通常的工作状态都是一周工作五天，每天工作八小时。我希望能够有更多的家庭时间，不过我也想尽可能地“做建筑”，但不幸的是领导一个公司需要占据我很多时间。现在，我正在设计 Seinäjoki 图书馆，我和我的同事们正在一起做这个竞赛方案，我们必须时刻为将来的新项目做好准备。

ID 您的设计原则是什么？

A 在我们的设计中，我们总是将我们对建筑的热情、对建筑的理解以及敏感都通过对材质以及高科技技术的运用表现出来。这些都是建立在我们对项目基地以及规模进行深思熟虑地研究过后的结果。对我们来说，房子是为人而作的设计。建筑是需要经历时间考验的，在经过几十年的使用后会变得越来越好。

ID 对您的职业生涯来说，最大的灵感来源是什么？

A 传统建筑中的各个元素都是我们取之不尽的灵感。经典的古董、芬兰的文化遗产建筑、我们所处时代的各个现象都对我们非常重要，不过，对我们来说，这些事物中的一些细节更有吸引力，而不是那些主流趋势。

ID 您的团队已经在多个领域创作了许多作品，如博物馆、居住、商业空间等，您认为其中的相同处与不同处是什么？

A 每个项目都是不同的，比如建筑类型、大小尺度以及业主等。不过相同点在于，你必须在每个项目中都将人作为首要的考虑因素。

ID 您未来的职业目标是什么？

A 尽我所能，做得最好。

ID 您认为您和您的公司与芬兰有什么样的联系？

A 我们是芬兰人，我们的项目大多在芬兰。

ID 您如何看待芬兰的当代设计？

A 我想我一直离它太近了甚至于身处其中……我希望你可以找出些有趣的特色。

ID 您的公司是如何应对高速多变的全球化环境？

A 我们在设计时，并不是以国际上的流行趋势为标准，而总是去关注一些本质的、真正可持续发展的东西。不过，我们还是必须要知道外面都发生了些什么。

ID 您认为越来越普及的网络技术对建筑设计会产生怎样的影响？

A 可能对设计的要求就是必须给人越来越有吸引力的第一印象。因为网络是个非常繁忙的媒介，没有留给人们更深层次思考的时间。

ID 全球化时代令建筑设计行业产生了什么样的变化？

A 全球化时代滋生了许多新信息媒体，而对我们建筑设计行业来说，如果仍然照着传统建筑设计公司的老一套做法，我们就不能生存。

ID 您对建筑设计领域的全球化现象如何看待？

A 我在许多国际建筑杂志里发现，小型的建筑项目数量正不断上升，可能，许多大型的项目正在不断消失，而今后的趋势就是做小型项目。这对建筑界来说，也是非常有意思且具有发展意义的。END

Sarc 建筑事务所

INTERVIEW WITH ANTTI-MATTI SIIKALA PARTNER OF SARC ARCHITECTS

撰 文 | Vivian Xu

Sarc 建筑事务所是由两位合伙人 Antti-Matti Siikala 与 Sarlotta Narjus 共同创建的。Antti-Matti Siikala 于 1964 年出生于芬兰图尔库，1993 年获得赫尔辛基科技大学建筑硕士学位，从 1987 年至 1990 年期间，一直跟随 Juhani Pallasmaa, Mikko Heikkinen 和 Markku Komonen 进行建筑实践，后于 1993 年至 1999 年期间一直在赫尔辛基科技大学任教。Sarlotta Narjus 于 1966 年出生于芬兰图尔库，1996 年获得赫尔辛基科技大学建筑硕士学位，她从 1990 年开始就在海基宁・科莫宁建筑事务所工作，自 1995 年开始在赫尔辛基科技大学任教。两位合伙人的合作始于 1990 年，于 1995 年和 1998 年先后全身心投入经营自己的事务所。

该事务所也是芬兰当代建筑领域中的领头羊，凭借两位合伙人对艺术的特殊感觉，更具有无拘无束的创作思维。他们在设计中，关注技术与美学间的互动，注重从不同门类艺术中汲取营养，从多种自然形态中获取灵感；他们也十分关注生态和节能问题，为人们拥有和享受高品位的生活环境而努力。此次选择的 2000 年世博会芬兰馆与芬兰 METLA 森林研究协会大楼项目就是该事务所的独特创作，其对自然环境以及材质的另类使用令我们读到了芬兰设计的神韵所在。

ID=《室内设计师》

A= Antti-Matti Siikala

ID 向我们介绍一下您的职业经历吧。

A 我和我的搭档 Sarlotta Narjus 从学生时代就已经一起合作了，当时是 1989 年的时候，我们就一起赢得了第一个公共竞赛项目。之后，我们通过竞赛获得了许多项目。现在我们的业务已经延伸到建筑设计的各个领域中，如公共建筑、办公建筑、住宅、旧建筑改建、大型规划项目等，同时，SARC 建筑事务所也已跻身芬兰顶级的建筑设计公司之列。

ID 请用几个单词来描述下您的设计。

A 雕塑的、永恒的。

ID 对您的职业生涯来说，最大的灵感来源是什么？

A 我对雕塑作品的兴趣远远高于某种特定的建筑，比如美国雕塑家里查德・塞拉（Richard Serra）、西班牙雕塑家爱德华・奇利达（Eduardo Chillida）、英国雕塑家理查德・朗（Richard Long）……太多了，他们都给我灵感。

ID 您的团队已经在多个领域创作了许多作品，如博物馆、居住、商业空间等，您最偏爱的是哪个项目？

A 2000 年的世博会芬兰馆项目是具有多重意义的。我们希望在项目现场创造一片真正的芬兰桦树林，我们也从芬兰当地运到展会现场许多石材、苔藓和数以百计的桦木等，这些努力最后都令整个项目树立了一个非常特别的芬兰形象。

ID 可以描述一下您平日的典型工作状态是如何吗？

A 平时我就和我的工作伙伴们在办公室里参与一些项目的讨论与实施。典型的工作日状态也就是进行很多会议，比如和业主的沟通，也有我们项目建筑师之间的非正式的讨论。当然，还有就是画一些草图。

ID 您未来的职业目标是什么？

A 在建筑里寻找一些新的以及有趣的东西。

ID 您认为您和您的公司与芬兰有什么样的联系？

A 我认为我们的建筑根源是植根于我们芬兰的文化与自然。

ID 您如何看待芬兰的当代设计？

A 芬兰设计就像 50 年前一样做得那么好。新一代的设计师都非常有天赋，比如 Harr Koskinen 和 Ilkka Suppanen。

ID 您的公司是如何应对高度多变的全球化环境？

A 建筑领域的许多问题在全球都是非常普遍的，比如可持续发展。我们仍然坚信建筑是有自己独特的属性，是文化的更是艺术的。我们相信不同国家的不同建筑能够为人类带来不同的生存环境，这也为人类带来各自的独立性以及各民族各自丰富的内涵。

ID 全球化时代令建筑设计行业产生了什么样的变化？

A 在过去的 20 多年里，计算机辅助设计彻底改变了我们的工作环境，比如我们的项目流程，这同时也令许多项目变得更大型，范围也更加广。

ID 您认为网络的使用率持续增长会怎样影响设计？

A 网络是最大且最有效的资讯渠道。它的优势在于可以快速得到全世界的任何信息；但其劣势在于会让我们产生电脑屏幕上的设计比真实建造出来的建筑更重要。

ID 您如何看到设计全球化这一有趣的现象？

A 在可持续发展领域的挑战将会是非常具有创造力的。END

图尔库图书馆
TURKU LIBRARY, FINLAND

撰　文 | Vivian Xu
摄　影 | Arno de la Chapelle, Asmo Jaaksi, Harri Falck, Jonny Holmen, Jussi Tiainen, Michael Perlmutter, Patrik Rastenberg
资料提供 | JKMM Architects

项目名称 | 图尔库图书馆
地　点 | 芬兰图尔库市
设计公司 | JKMM Architects
设　计 | Asmo Jaaksi
建筑面积 | 6900m²
竣工时间 | 2007年

图尔库曾经是芬兰的首都，其文字历史记载可追溯到800多年前，但在近代，它同时也以推崇现代前卫建筑而闻名。图尔库图书馆便坐落在这座古老城市的城区。对新图书馆而言，创造一座建筑，既能体现所处地区的历史文化，同时又能体现新建筑的时代性，是对设计的一个很大挑战。来自芬兰的设计事务所JKMM将该建筑临街布置，丰富了这个开敞却未规划过的街角。新图书馆的室内与具有100多年悠久历史的旧图书馆相通，后者已被改建为一个咖啡厅和会客室。

设计师选择了涂料用于建筑物外立面，而之所以放弃与老建筑同一色系的红砖结构的原因就在于凸显该街区内仅有的砖砌建筑，从而凸显老建筑的标志性和历史性，而涂料从某种程度上将新老图书馆联系起来。建筑师同样在立面、楼梯和建筑周围的铺地上大面积地使用了天然石材，刚中标2010上海世博会芬兰馆设计方案的JKMM事务所曾在芬兰赫尔辛基市VIIKKI教堂的项目上延续芬兰木建筑的传统，而图尔库图书馆的室内也被大范围地用上了欧洲橡木。清冷的石板，温暖的木纹，被中性的现浇混凝土所融合。这些清水混凝土由于在垂直模板中浇注成型，造就一身粗糙不平的质感，更显出建筑本身的个性。在图书馆的外部和内部，玻璃都扮演着重要的角色，因为透明象征着公共图书馆应该自由开放，也因为自然光在北欧地区是最宝贵的资源之一。

新图书馆的公共空间主要有两层，围绕着开敞的庭院展开。工作人员的办公室位于建筑朝向街道的一侧，新的主入口开在两条主要街道的转角。图书馆的一层有一个接待和休息厅、一个儿童和青年区，还有一个被称为“资讯市场”的期刊阅览室。这些功能同时也作为新旧图书馆的联系。通过主楼梯，人们可以到达新建筑的主阅览厅，那儿是一块巨大的区域，有一个人文社科书库和阅览区。此处的设计原则是希望将来图书馆引入新的媒体时，空间可以根据需要进行弹性变化，而各个厅室的功能空间只需要通过那些易于移动的家具来限定。

安坐于这城市的历史角落，淡雅的图尔库图书馆符合一切传统阅读者的期望：它安静、低调、温暖，与城市空间的对话和谐愉悦。谁不想有个这样的家，正如谁不想有个这样的图书馆。END

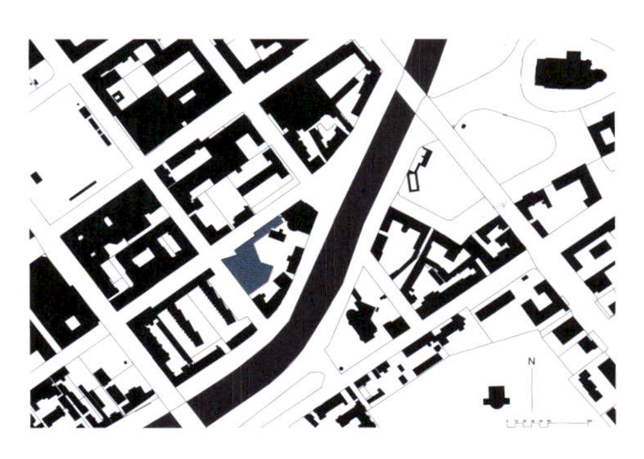

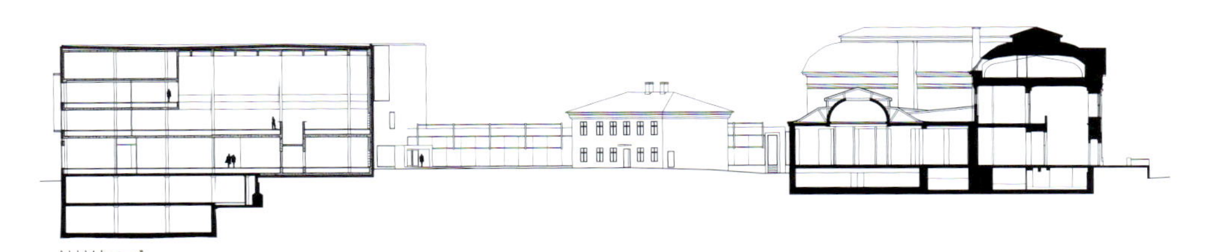

1　树影投射在纯净的外立面上，形成丰富的光影效果
2　夜景
3　总平面图
4　剖面图

3	6
1 4	
2 5	7 8

1-2 玻璃在该建筑中扮演了重要角色，透明象征这公共图书馆应该自由开放

3-5 各层平面图

6 图书馆有两层，均围绕开敞的庭院展开

7-8 舒适的阅览区

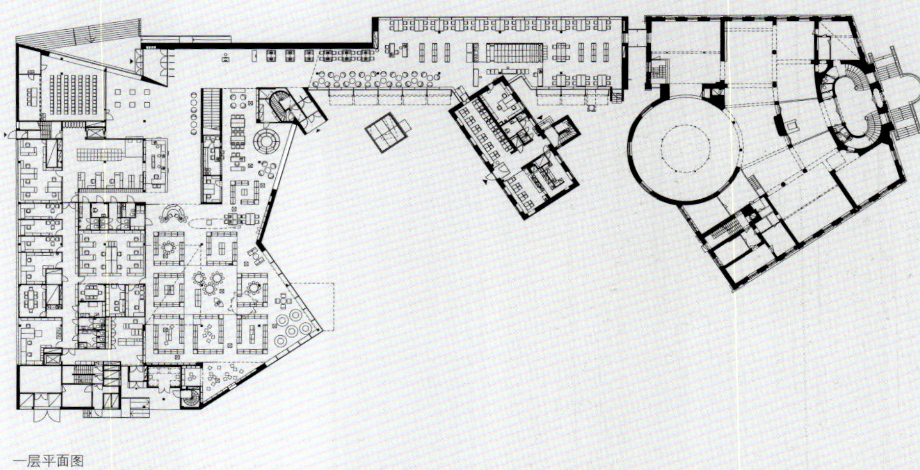

一层平面图

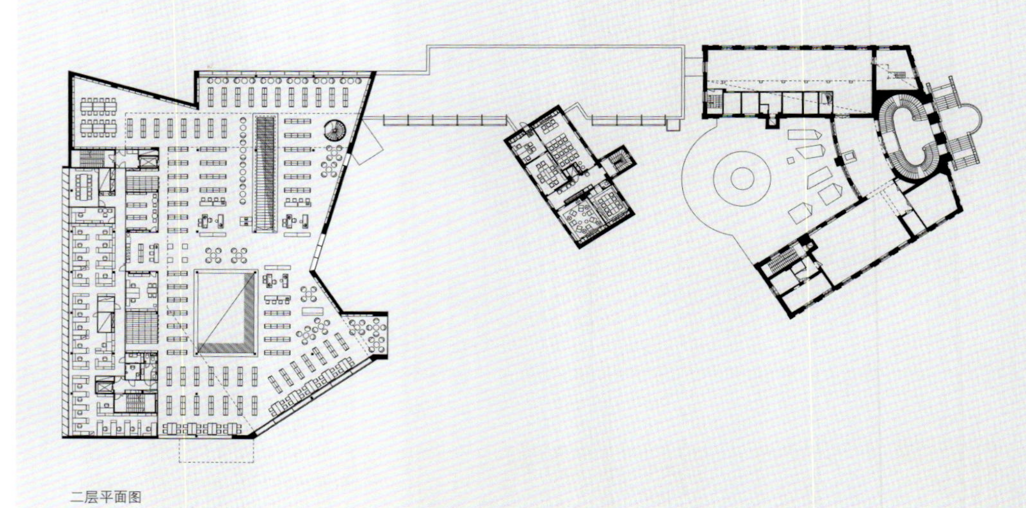

二层平面图

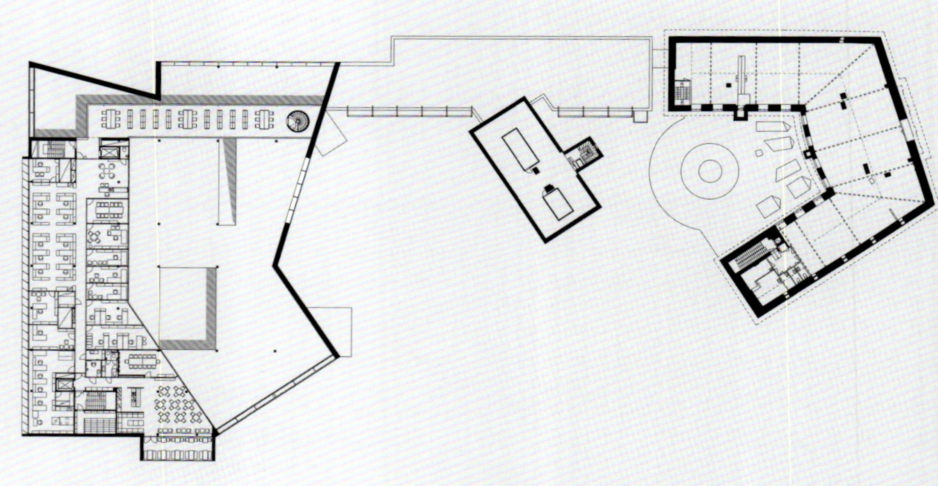

三层平面图

STYLE GUIDE

1 由书架围合而成的一个个小区域内均有座位
2-3 图书馆内均使用非常现代且具有设计感的灯具
4 咖啡厅

1-2 混凝土赋予建筑粗糙不平的质感

3-4 儿童阅览区

5 每个区域都经过精心设计

瓦萨市立图书馆
VAASA CITY LIBRARY, FINLAND

撰　文 | 陈峰
摄　影 | Jussi Tiainen
资料提供 | Architects Lahdelma & Mahlamäki

地　点 | 芬兰瓦萨市Kirjastonkatu 13, 65100
设　计 | Architects Lahdelma & Mahlamäki
面　积 | 8050m²

瓦萨是芬兰西海岸的城市，这里有着蜿蜒曲折的海岸和无边无际的林木，而它也在保护自己的自然与文化遗产的同时，不遗余力地发展现代文明，尤其是图书馆体系。

从17世纪开始，瓦萨市就已经开始建立自己的信息体系以保存自己的文化，所以，超过200年的图书馆体系历史，使得其图书馆系统的发展水平尤其先进。

新的瓦萨市立图书馆位于瓦萨老城区，也是个非常成功的建筑。业主在建造之初就希望新的图书馆可以自然地融入到都市风景中，新老图书馆共同形成一个全面的功能体系，这一要求并不仅仅是建筑学上的，也不仅仅是图书馆学上的，而是共同针对两者的。

新图书馆设计伊始的难度并不仅仅在于控制老建筑的复杂性，而是在于如何满足这一先进图书馆的业务。瓦萨图书馆的业主方希望设计师在考虑到历史建筑的局限性的基础上，尽可能地开放和灵活。

建筑师在设计时并没有过分张扬地表达新图书馆部分，而是很好地控制了新老图书馆之间的比例，将新图书馆围绕着老图书馆而建。图书馆大厅位于延伸部分，这一部分位于公园之中。用于会议和音乐会用途的小型的多功能厅位于一个深褐色的镀铜外壳中，这一雕塑质感的部分也向侧边进行了延伸。

新图书馆建筑的最大特色在于不同的桥梁衔接，有些是有实际作用的，有些仅仅是象征性的，新的与旧的，表达某种情感的与科学的结构系统……这些不同手段的穿插运用就如同图书馆的不同主题区域一样，富于变化且令人沉醉。END

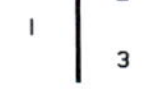

1 新图书馆是个通透的现代建筑
2 老图书馆
3 总平面图

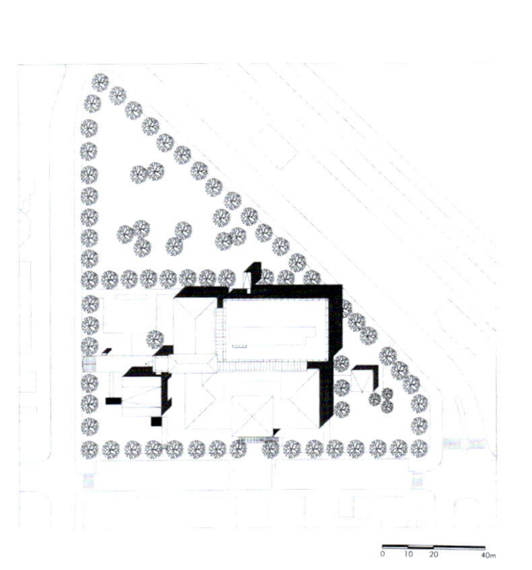

1-3 各层平面图
4-6 银装素裹下的图书馆与自然融为一体
7 剖面图

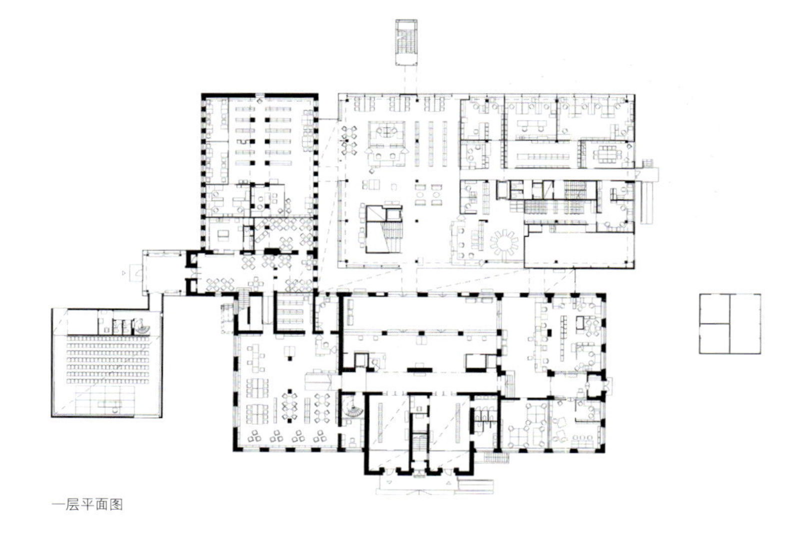
一层平面图

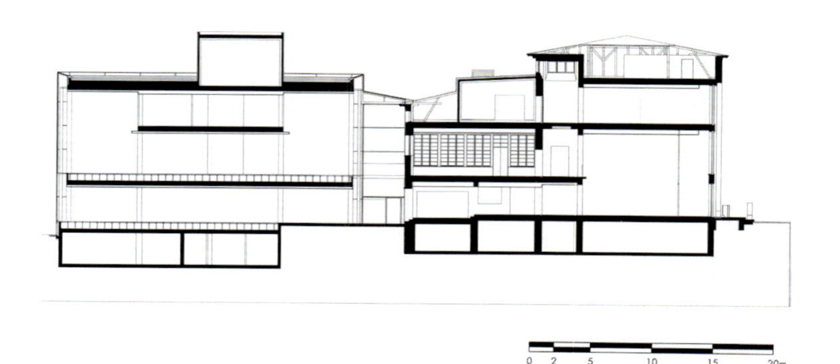

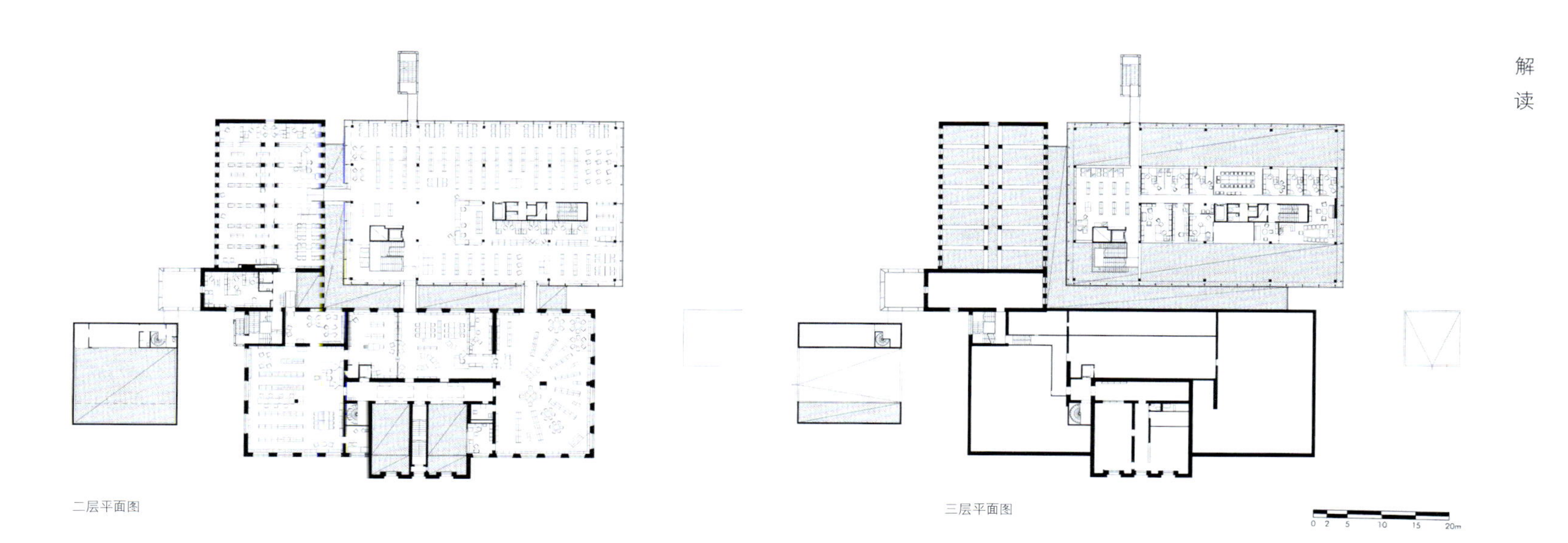

二层平面图

三层平面图

1 图书馆的空间非常开放

2-3 室内阅览区

4 新老图书馆融为一体

解读

洛瓦公共图书馆
LOHJA MAIN LIBRARY, FINLAND

撰　文	陈峰
摄　影	Jussi Tiainen
资料提供	Architects Lahdelma & Mahlamäki

地　点	芬兰洛瓦Karstuntie 3, 08100
设　计	Architects Lahdelma & Mahlamäki Ltd.
面　积	3513m²
竣工时间	2005年

芬兰的洛瓦镇是个仅有37000人口的小镇，但这里却有座非常具有设计感的优质建筑物——洛瓦公共图书馆。这是座有大片两层楼挑高玻璃落地窗、现代感十足的船舰形状建筑，承袭了北欧建筑的落地玻璃窗特色，透露出高纬度地区民族对阳光的渴望。不仅外观如此，室内空间巧妙地利用玻璃制造宽敞明亮的观感：窗边的座位拥有阳光、街景和雪花，想暂时与书本中世界抽离的人们可静坐于台阶边的位置，观察与他们同一个屋檐下的人们与摆放书籍的这栋美丽建筑的互动百态。

北欧许多优秀公共建筑的设计师多半口碑评价都不错，而这些公共建筑大多是通过竞赛比稿制度所遴选出来的。洛瓦公共图书馆的设计师是著名的芬兰设计组合Architects Lahdelma & Mahlamäki Ltd.，他们的方案是从190个设计提案中脱颖而出的，2002年竞赛结束，2005年建筑完工，2006年1月建筑才正式启用。

芬兰的建筑很讲究因地制宜以及与周边环境的协调性，洛瓦公共图书馆自然也不例外。设计师对这座建筑在小镇的定位非常清晰，由于比邻小镇中心与教堂，设计师选择了红砖与玻璃作为建筑的外立面，这样的材质使得整座建筑与周围的环境非常协调。同时，红砖可以作为建筑物的结构支撑系统，并与整座建筑物开放的设计相得益彰。建筑物的入口虽然并不张扬，却显得生动，而有亲切感，随时欢迎着人们的进入，确实它后来也成为了全镇居民爱去的场所。图书馆室内沿袭芬兰设计鼻祖阿尔瓦·阿尔托的顶棚天窗设计，一个个偌大的开窗不仅满足采光的功能需求，同时，也令整个空间更加的活跃。红砖墙面与镶嵌在其中的灯光也营造出了一股温馨的气氛，让使用者在图书馆中享受如在家般的轻松自在感。END

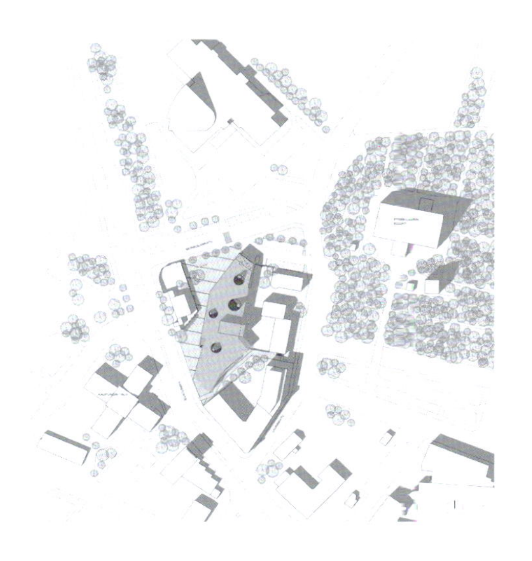

1 总平面图

2-3 洛瓦公共图书馆是个现代感极强的船舰形建筑

一层平面图

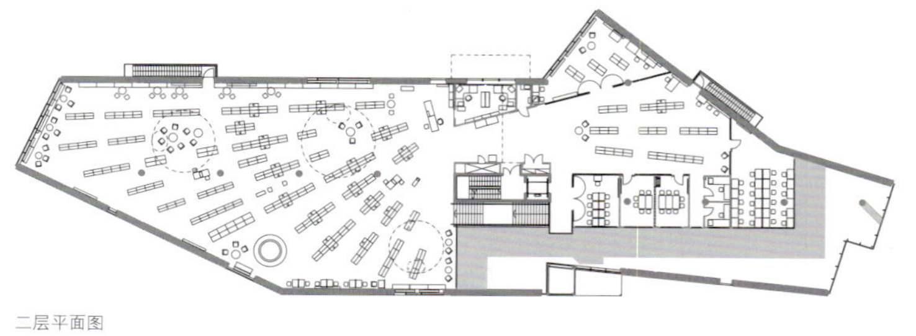

二层平面图

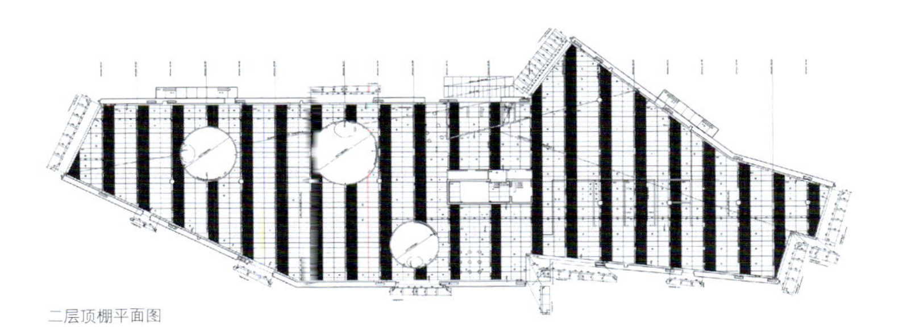

二层顶棚平面图

1　建筑物的入口并不张扬

2-3　红砖与玻璃材质搭配使整座建筑与周围环境异常融合

4-6　各层平面图

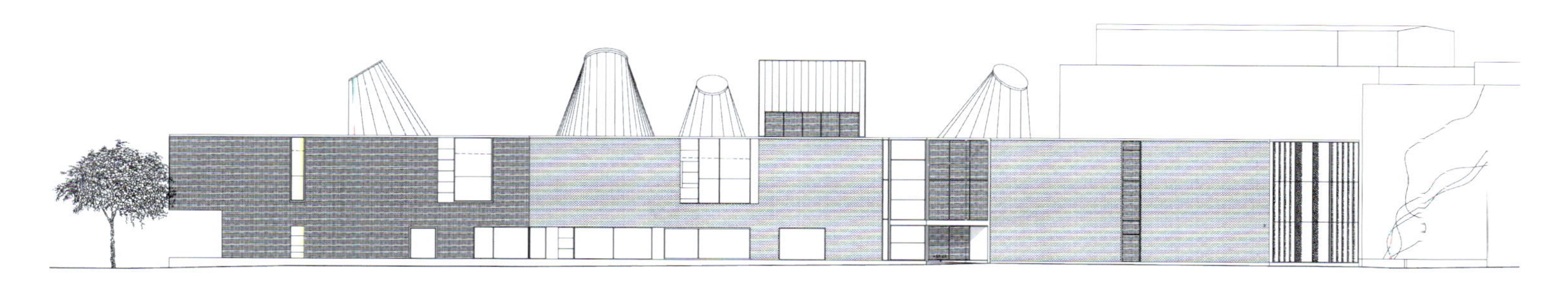

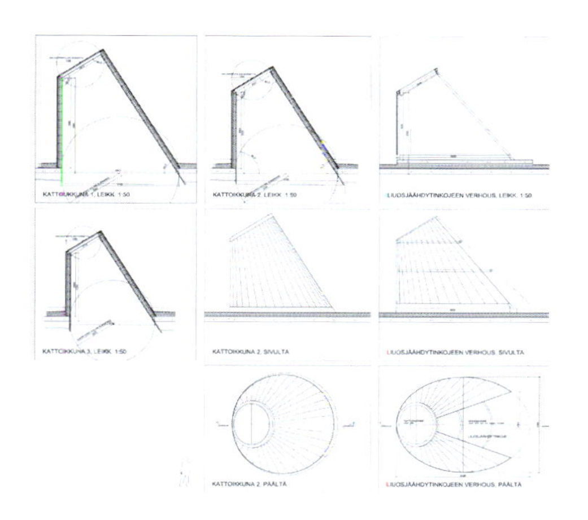

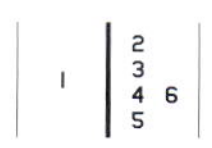

1 红砖的内墙面与灯光一起营造出温馨的气氛
2 立面图
3 局部详图
4 室内空间利用玻璃创造出宽敞明亮的观感
5-6 顶棚的天窗既能自然采光，也令室内空间更加富于变化

库穆美术馆
KUMU ART MUSEUM, TALLINN, ESTONIA

撰　文 | 陈峰
资料提供 | Arkkitehtitoimisto Vapaavuori Oy

地　点 | 爱沙尼亚塔林市Weizenbergi大街34号
设　计 | Pekka Vapaavuori

位于爱沙尼亚首都塔林的库姆美术馆是波罗的海国家最大的博物馆，也是北欧最大的艺术博物馆之一，由芬兰设计师 Pekka Vapaavuori 设计，2006 年建造完成。该馆曾获得第 31 届欧洲博物馆年度奖。

该馆的历史也是一个新生国家走向独立的历史，反映了实现独立的重大历史事件。在历史转折期建造如此一座大型博物馆曾受到质疑，但是作为植根于一个多元化社会的博物馆，这样的社会影响了其所有活动，从一开始它就深知自己的职责是要吸引那些不常参观艺术类博物馆的群体。基于这样复杂的背景，美术馆的设计建造工作也一再延误。Pekka 虽然已于 1994 年赢得竞赛的优胜，并于 1995 年 1 月就已向美术馆方提交修改过的初步设计方案。但之后，就是一个长时间的停顿，直到 1999 年项目获得拨款后，他才得以重新启动设计工作。美术馆真正开工建设已是 2003 年秋天，竣工于 2005 年底，并于 2006 年初正式开幕。

这是座宏伟的建筑，本身就是一道亮丽的风景，但亮丽并不等于招摇。库穆美术馆的设计目的极其简单也很明了。展厅也并没有装腔作势的繁复变化，显得异常的质朴，仅将艺术品放置于空间中央的舞台。由于建筑本身的几何动线，使得空间自然地从室内延伸到室外。而建筑的外立面也运用了石灰石与绿色的铜和玻璃材质。

由于该建筑位于卡德里奥公园内，而该公园是个非常著名的公园，且园内还有沙皇彼得大帝送给他心爱妻子的皇宫，现为爱沙尼亚总统官邸。为了减小建筑的体量，并尽可能地不破坏公园的原貌，博物馆建造就必须有一个坡度，并将部分空间置于地下。设计师利用一座曲面墙连接了整座博物馆的平面，使得整个空间具有流动性。

美术馆的停车场和公共汽车站都设在基地较高的部分。参观者们可以步行通过一座通道，从户外的雕塑展区走向主入口。而在入口处则设置了售票处、博物馆商店和临时展厅的入口。其他展厅的入口都位于卡德里奥公园边的一楼。斜坡同样也引导游客们去视听休息室以及主入口。END

1 美术馆坐落于卡德里奥公园的边缘
2 外立面夜景
3 总平面图

Weizenbergi
P
Mäekalda
Laagna
a
b
c
d
e
1
2
3
4
5
6

Kristjan ja Paul Raud
Ühest sajandist teise
From One Century to the Next

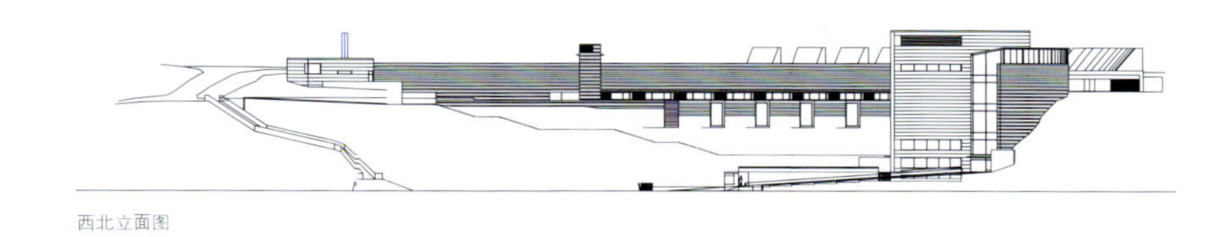

西北立面图

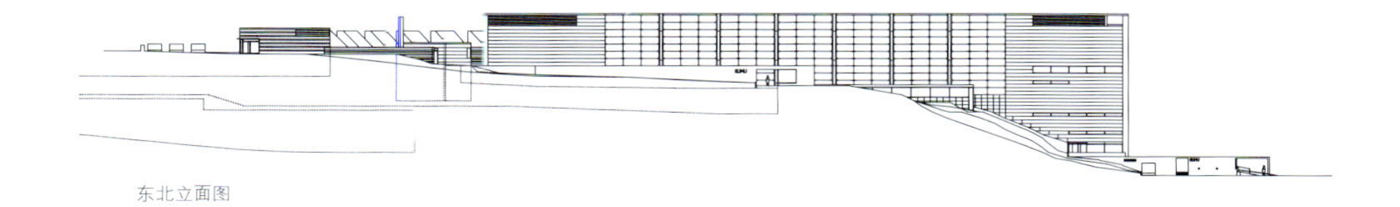

东北立面图

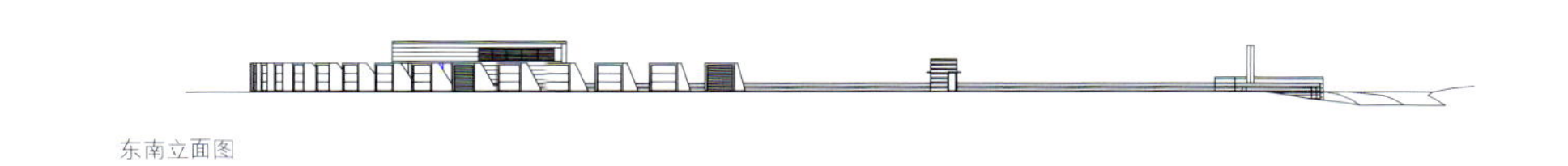

东南立面图

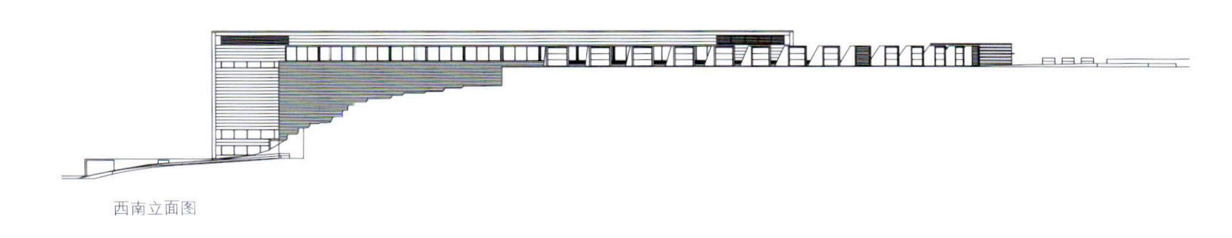

西南立面图

| 1 | 2 3 4 5 |

1 通往地下层的存储空间

2 各立面图

3 从公园侧面观察美术馆

4-5 石灰石是当地的材料，设计师大量将其应用于户外的雕塑园中

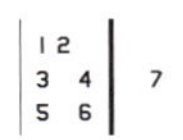

1 入口大厅是占主导地位的接待处，位于整座建筑物的上部

2 在接待大厅两旁的石灰墙与石灰石的材质，它们的底座均不在同一高度

3 定制的大厅灯具分别向上下两端照明，还有应急照明，扬声器等，这样的技术设备均安装在石墙内

4 绿色的铜面板墙壁表面，产生有趣的变化

5-6 各层平面图

7 接待大厅将博物馆分成两个部分，并以桥连接

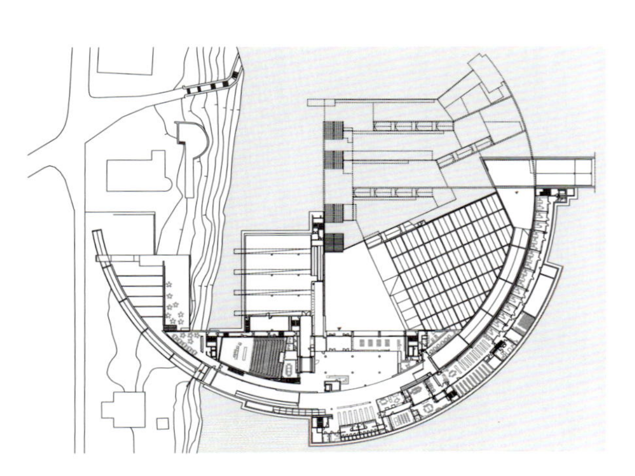

二层平面图

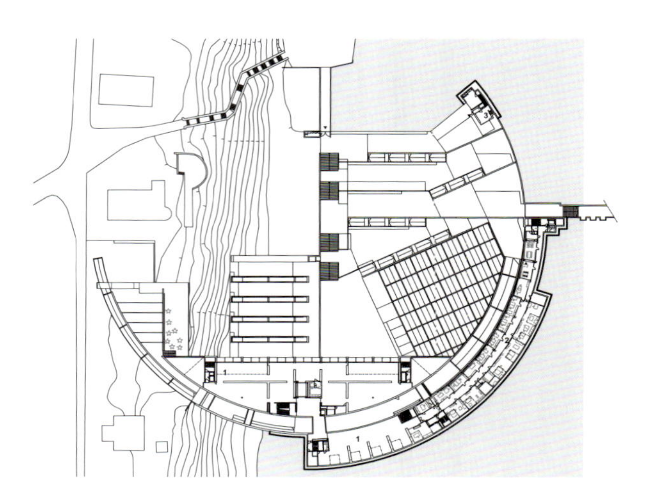

四层平面图

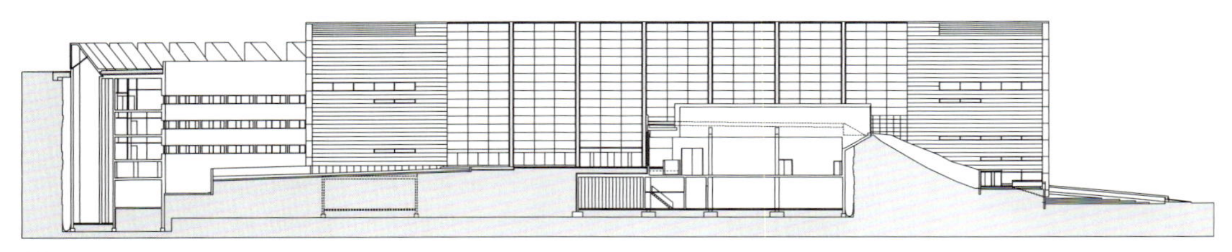

剖面 A-A'

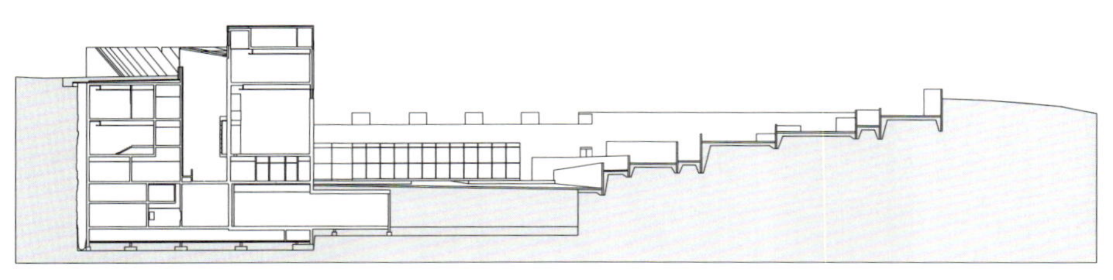

剖面 B-B'

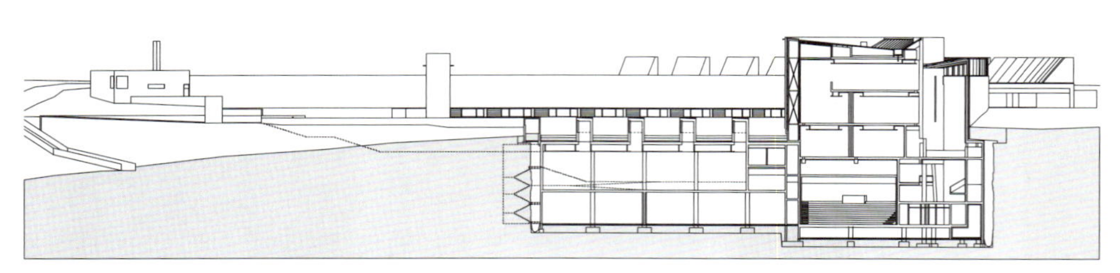

剖面 C-C'

1 独特的照明方式
2 二层展厅
3 各剖面图
4 大礼堂
5 展厅室内的设备都被集合在了墙内
6 顶层展厅

芬兰馆：来自斯堪的纳维亚的桦树林
FINLAND PAVILION, EXPO 2000

撰　文	Vivian Xu
摄　影	Jussi Tiainen
资料提供	SARC Architects Ltd.

项目名称	2000年汉诺威世博会芬兰馆
地　点	德国汉诺威世博会
设计公司	SARC Architects
设　计	Sarlotta Narjus, Antti-Matti Siikala
面　积	$2890m^2$（约$2439brm^2$）

芬兰人总能在世博会上为世界呈现崭新的建筑景象。如 1900 年巴黎世博会上有格塞里乌斯—林德格兰—沙里宁这三位建筑师的"三重奏"，1937 年巴黎世博会和 1992 年塞维利亚世博会后，芬兰设计师又在汉诺威 2000 年世博会上，以一个长方形的"木箱"运来了芬兰北部拉普兰地区的桦树林。

由 Sarlotta Narjus & Antti Siikala 设计的芬兰馆，整体是一个"极具魅力的神秘主义之箱"，建筑是由由长约 15.25m，宽约 2.29m，高 4 层的两个黑色木材建造的长方形箱子，将一个"白桦之林"夹在其中的造型。这其中的 90 棵桦树是直接从芬兰运来，由直升机栽下。乳白色的玻璃在不影响阳光照射的情况下，让桦树林与外界隔绝，偶然还可以看见土中露出几块类似日本枯山水庭院中出现的石头。

观众从斜面磨砂玻璃墙的正门进入。第一展室特别完美地展示了电子技术和自然原始风景结合的景观，在一条狭长且灯光很暗的空间，弧形的墙壁上张贴一大幅森林和沼泽地形的彩色照片，其视角的高度和空间感，都符合观众视觉中的大小，然而当大家极其安静地走过时，会发现在这个森林中有鸟叫，在沼泽中有鱼影显现，还有蝴蝶飞过水面，仔细一看，原来都是投射影像。静和动两种虚像重叠，生出绝妙的景观。走上一座木桥，可以通过这个桦树林去访问第三个展室。树，对芬兰人来说，是对人进行长期治疗的环境，这应该说，是芬兰人自然景观受到保护的人文基础。

整座建筑的设计理念也是非常环保的，当世博会结束后，芬兰馆被移到他处开始了新的生命。END

1–2 展馆入口
3 剖面图
4 “白桦之林”夹在建筑中

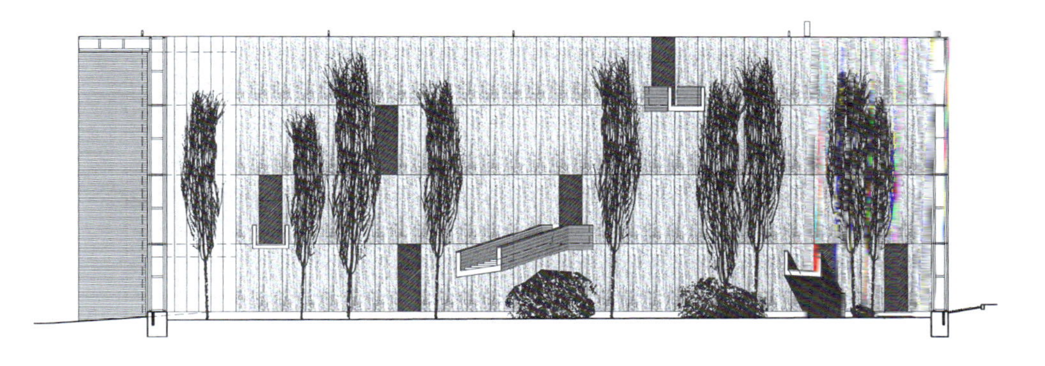

1-4 建筑与桦树相辅相成，形成别样的视觉效果

5 一层平面图

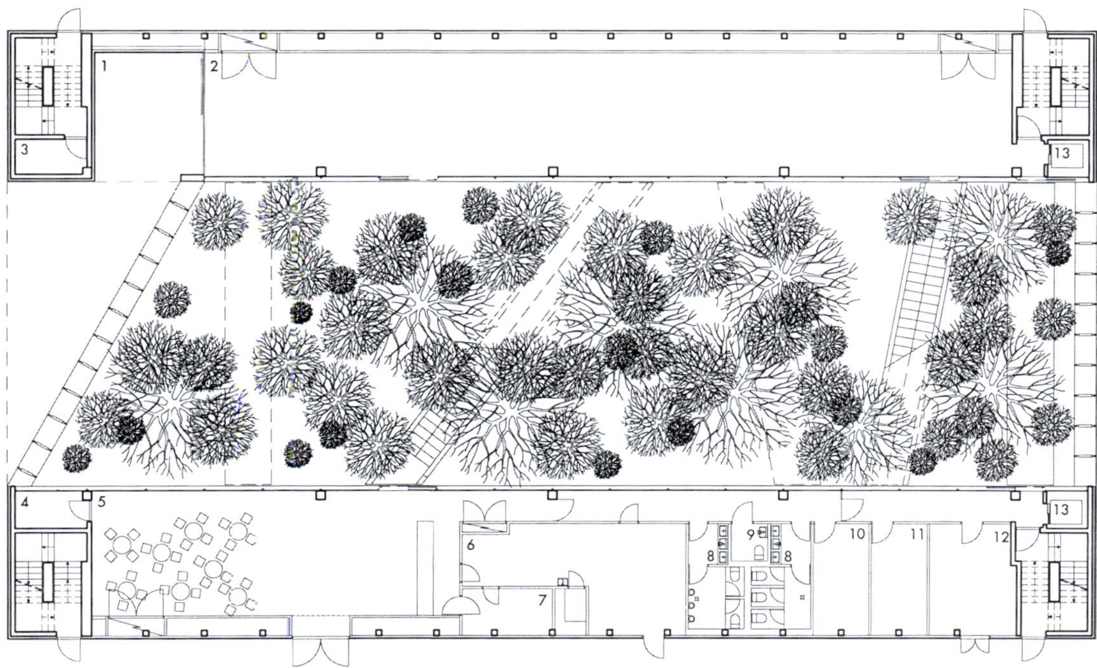

木质教堂
VIIKKI CHURCH, FINLAND

撰　文 | Vivian Xu
摄　影 | Arno de la Chapelle, Jussi Tiainen, Kimmo Räisänen
资料提供 | JKMM Architecture

项目名称 | Vikki教堂
地　点 | 芬兰赫尔辛基Agronominkatu大街5号
设　计 | JKMM Architecture
建筑设计 | Samuli Miettinen (head designer in charge), Asmo Jaaksi等
室内设计 | Päivi Meuronen等
面　积 | 3411m²
竣工时间 | 2005年

1 建筑使用木瓦一样的建材作外立面，所以教堂被鳞片一样的肌理包裹着，像个有机物
2 外立面使用的木纹形瓦片局部
3 木材质与岩石的拼接特色
4 夜景
5 一层平面图

教堂作为一种典型的宗教建筑类型源远流长。在当代西方，大型的教堂建造项目已经屈指可数，大多新建教堂都无需以显赫且堂皇的姿态占据地域中心，转而致力于为信众营造广阔的心之绿洲。教堂业已走入社区生活中心，位于芬兰赫尔辛基东北部的Viikki生态邻里住宅区就有这么一个木质的小教堂——Viikki教堂。

Viikki教堂所在的Viikki生态邻里住宅区是闻名遐迩的生态住宅区，所以业主在委托设计时告诉设计师，希望建成一个能够继承芬兰木建筑传统的现代建筑，同时，也应该将环保、可持续发展的理念融入其中。建筑师期望唤起人们对芬兰森林印象、对于神圣的自然的尊重。密集的木柱和梁由建筑师专门设计定制的构建构成。外墙的细部也折射出这种设计理念。

教堂是一个由一系列单体组合而成的呈“L”形的建筑，远远看去教堂像一个条状和块状建构的游戏积木，气质亲和、尺度宜人。整座建筑由在工厂预制的构建组合而成，整合了现代和古代对于建筑的思考和实践方式：复杂而粗糙的外墙、选址方式、象征与暗喻、暂时和永恒的思考等等。还有那用未经处理的带着裂纹的柏杨木瓦、精致的木墙板，都显示出芬兰木建筑的传统精髓。

Viikki教堂的设计包括教堂、会议室、办公室、聚会室以及一些其他服务设施。建筑的外表面使用了像木瓦一样的建材作为饰面，所以建筑被鳞片一样的肌理包裹着像个有机物。进入建筑的内部是一个进深大于面宽1.5倍左右的一个前厅，层高3m左右，该建筑内部也使用了大量的木质材料，从地面到顶棚，墙面使用了吸声复合材料，因而这个空间非常安静也非常洁净，木质的出现快速地完成了建筑由室外到室内的转化。

教堂的大厅是一个复合型的空间，圣坛在靠西的位置。圣坛之后的背景被分成了三个部分，中间的部分也退叠出去，以便光线的引入，自然的光线顺着墙壁逐渐衰减和墙面的壁画形成生动的视觉效果，给圣坛本身带来一种宁静祥和的气氛。

设计师运用了灵活多变的空间组合方式，圣坛的后方复含着另外一个扁平的祈祷空间，而且之间有推拉隔断会根据不同要求来分割空间，可以形成多个场合下的多种模式。

这座建筑的外墙采用保温材料，包裹着柱和顶棚格架。出于声学的考虑，装修时建造的“假”顶棚由装饰面板包裹起来。建筑师在设计时将建筑构想为对芬兰茂密的森林的一种隐喻，以檐口的线条强化了这种隐喻，让整座建筑变成周围树林的一个有机组成部分。建筑室内的杉木是用碱液清洗过的，让材料显得干净亮洁。室内的家具和照明设计都是针对教堂的活动而专门设计的。祭坛用带裂纹的柏杨木制作而成，以此来突出那些用白银制作的祭品。

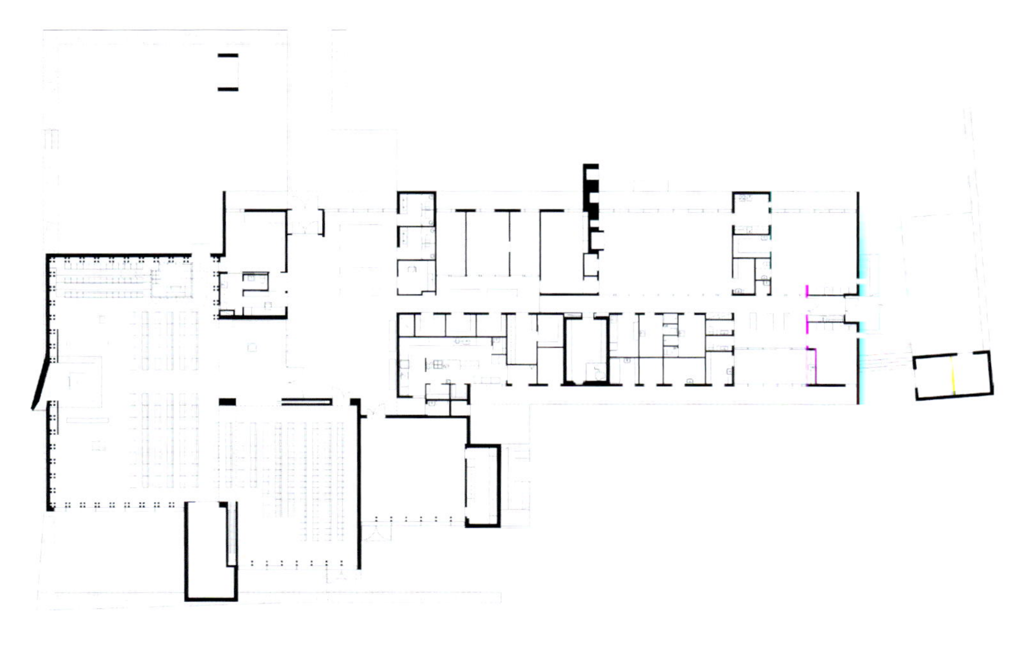

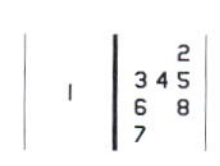

1 教堂主体空间
2.8 教堂的东方感觉很足，色彩宁静，圣坛背后的采光方式也很特别
3-5 剖面图
6 顶棚结构
7 室内木柱

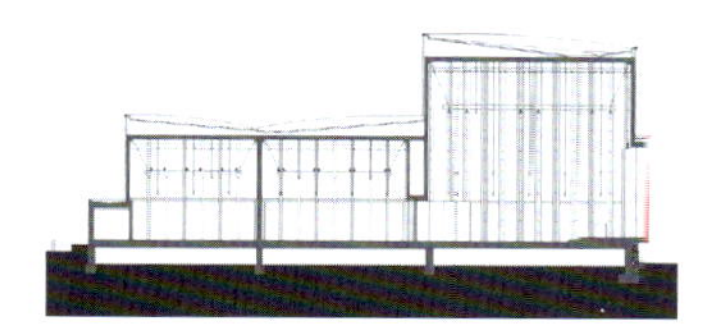

剖面 A-A'

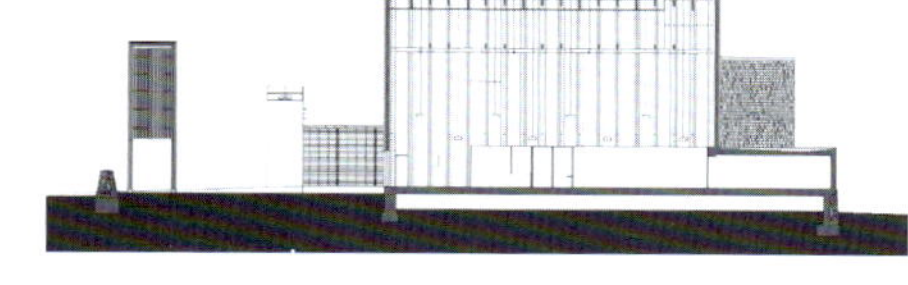

剖面 B-B'

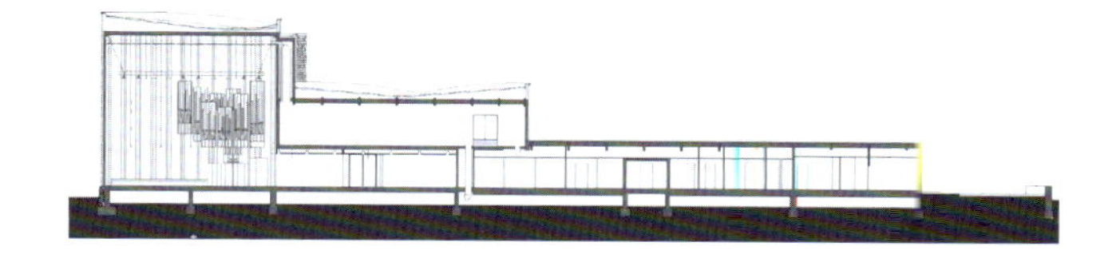

剖面 C-C'

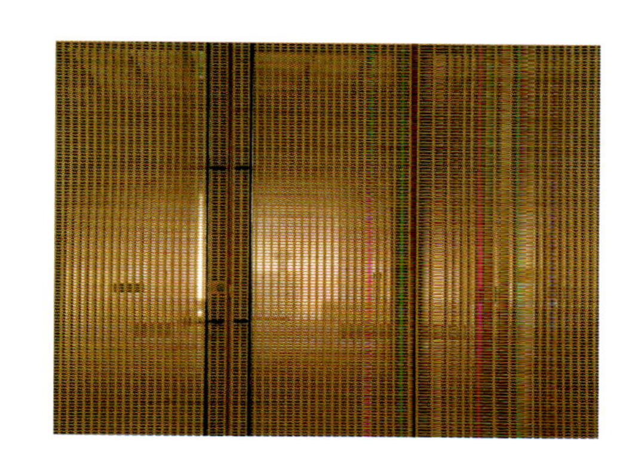

1	2 3 4 5

1 等候室
2 通往教堂主体空间的格子窗
3 会议室
4 主入口处的门
5 办公室

METLA

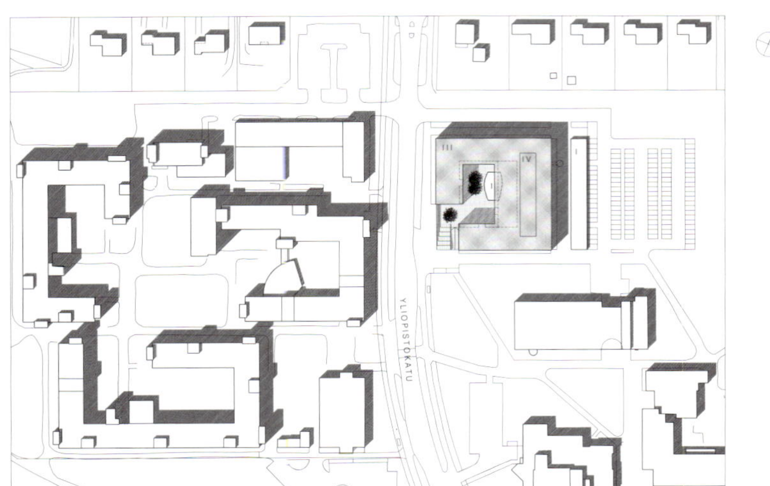
YLIOPISTOKATU

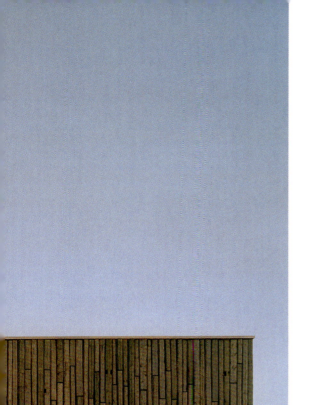

METLA 森林研究协会大楼
METLA HOUSE, FINLAND

撰　　文 | Vivian Xu
资料提供 | SARC Architects Ltd.

项目名称 | 芬兰METLA森林研究中心
地　　点 | 芬兰约恩苏大学内
设　　计 | SARC Architects Ltd.
建筑设计 | Arkkitehtitoimisto SARC Oy等
室内设计 | Arkkitehtitoimisto SARC Oy, Sarlotta Narjus
景观设计 | Molino Oy
竣工时间 | 2004年
总 面 积 | 9063m²（约7650b m²）
造　　价 | 16000000欧元

芬兰素以广袤的森林著称，而近些年来对于木材的运用研究也异常重视。位于芬兰约恩苏大学内的约恩苏森林研究协会也不断扩张，新的办公大楼因此开始兴建，芬兰 METLA 森林研究协会大楼也是芬兰第一座大型木质办公楼。

芬兰 METLA 森林研究协会大楼坐落在约恩苏大学校园区域，非常接近约恩苏市中心。工程从 2003 年 4 月开始，于 2004 年 10 月完工。约恩苏林业研究协会的员工在 2005 年底不断增长至 150~170 人，其中 100 人为终身成员。由于旧设施的不足，这个增长使新研究中心的建造成为必要。研究所的任务是支持地方企业活动和森林相关的地方经济、社会和生态学发展的林业研究。研究所七个研究重点之一是木材研究。

建造计划的主要目标是研究芬兰木头在建筑中的创新方式，即运用创新的方式来利用芬兰的木材，因此木材自然成为该建筑的主要材料。

芬兰 METLA 森林研究机构大楼共三层，其引人注意的原因在于它的材料和简明的形式。研究中心从外部看起来像是木箱子。建筑与平面布局来源于芬兰古代教育机构的原型，即内部庭院被公共区域所环绕。两堵外立面墙自然围合而成入口，这两堵墙的材质非常特别，是用 100 岁高龄的原木再生而成。整座建筑物的入口也非常特别，是由非常宏伟的原木梁柱群构成。这是个非常灵活的结构系统，由复合木材制成，高度达到 7.2m。这种射线式木梁柱结构在这么大的建筑中还未尝试过，所以该项目同时也是芬兰的第一座现代的木质办公楼。因为木头的易燃性，防火很关键。故而，研究中心安装了很多喷水龙头和火警装备。

木头材质也运用于该项目的其他部分，窗户的材质是松树，悬浮的顶棚也是松木的材质，而门板是桦木做的。会议室的椅子也是该项目的亮点之一，他们共使用了不同的落叶木制作了 12 种不同款式的椅子。END

1　METLA 森林研究协会大楼是芬兰第一座大型木质办公楼
2　总平面图
3-4　运用创新方式使用木材也是该大楼修建的重要目的

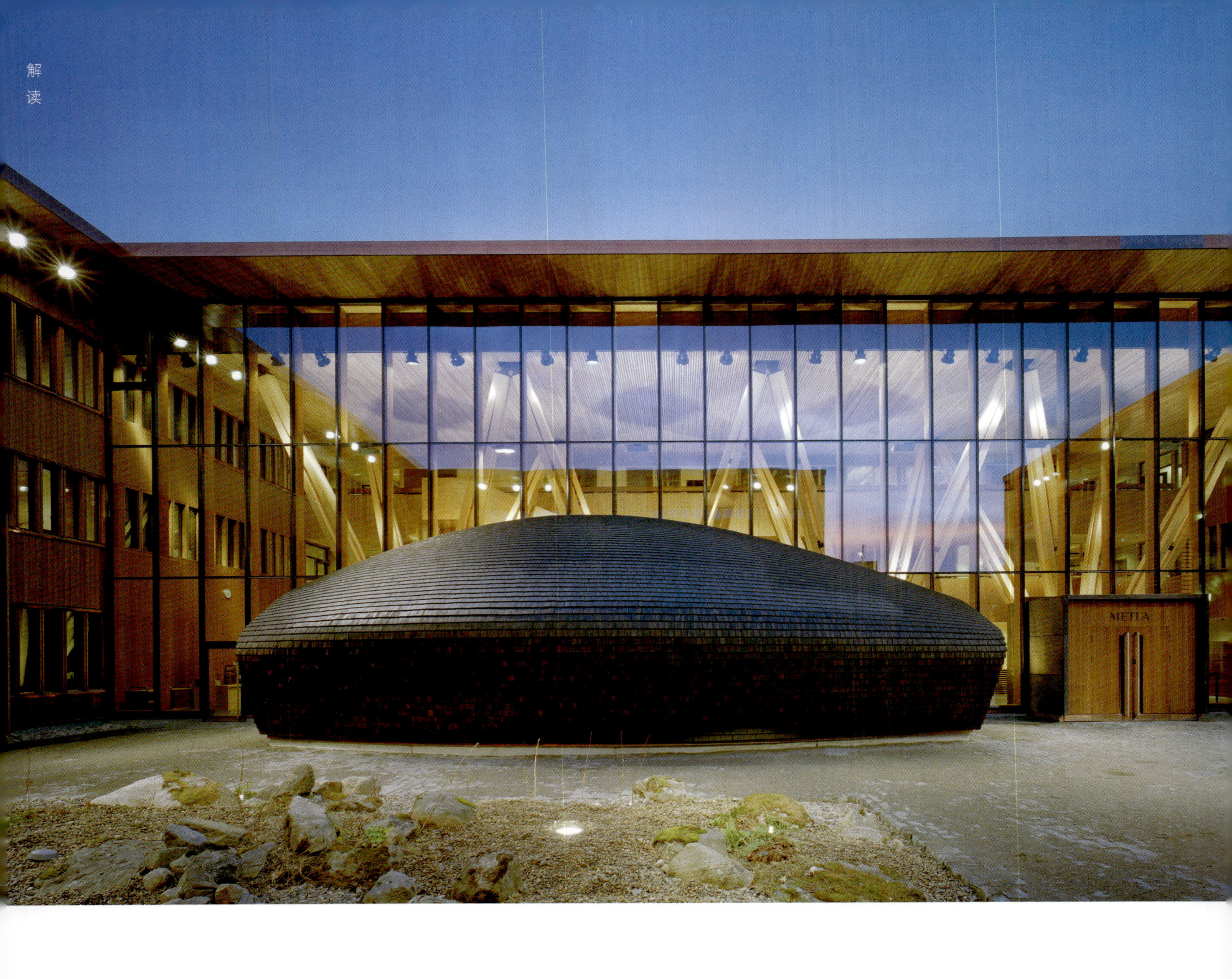
METLA

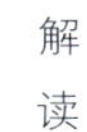

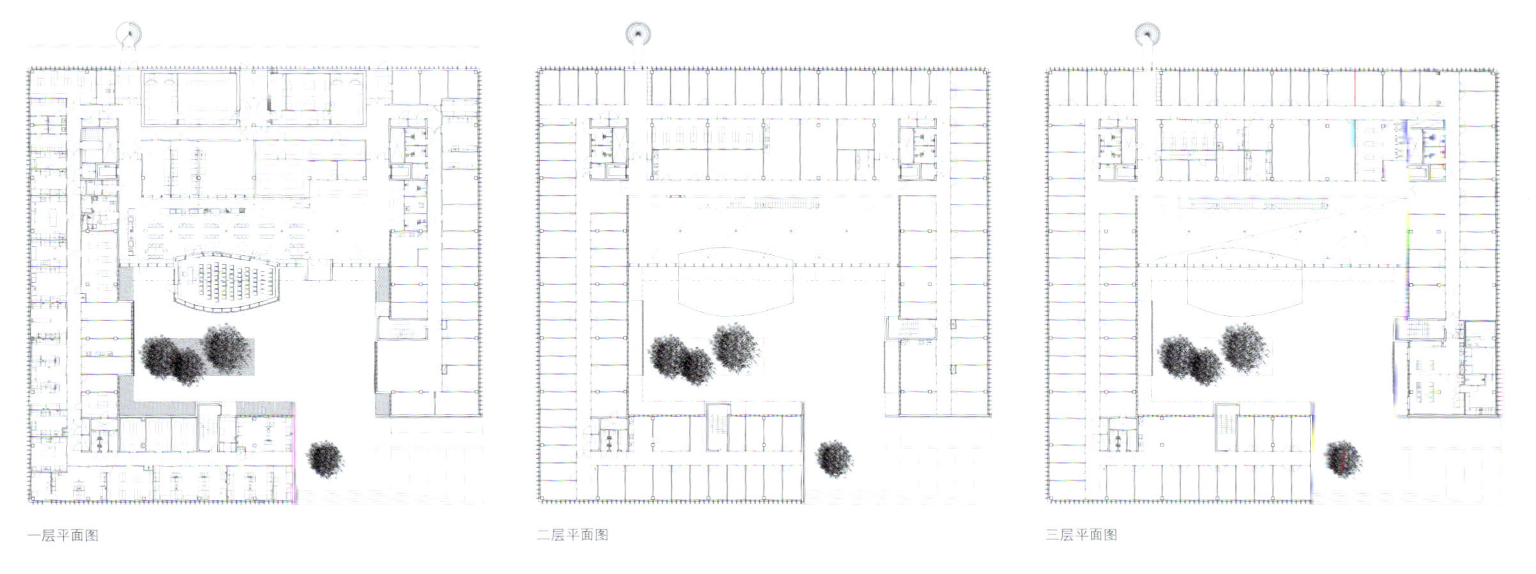

一层平面图　　二层平面图　　三层平面图

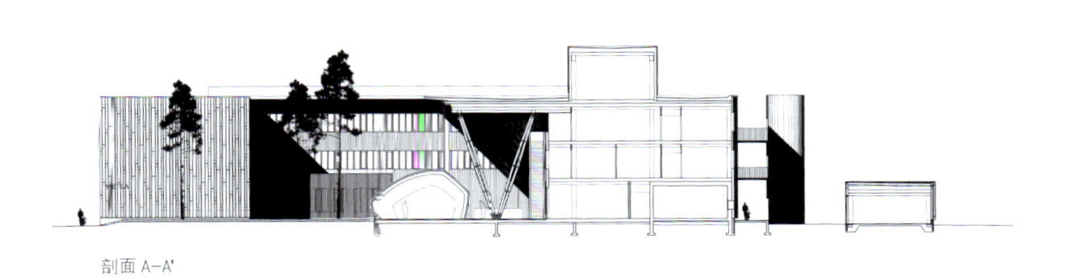

剖面 A-A'

剖面 B-B'

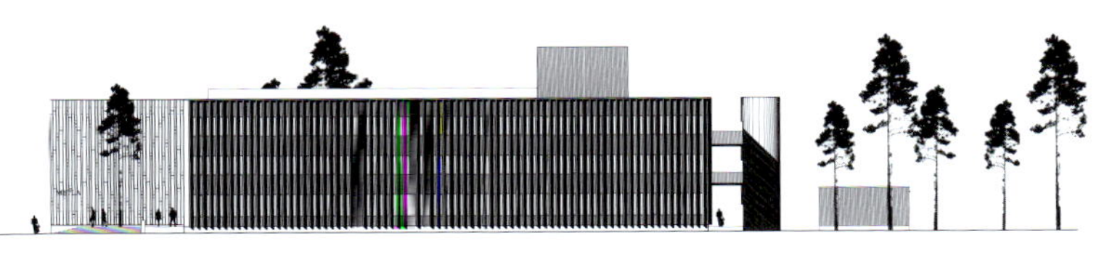

南立面图

西立面图

1	4 5 6
	7 8
	9 10
2 3	11

1 入口处
2-3 外立面
4-6 各层平面图
7-8 剖面图
9-10 立面图
11 会议室

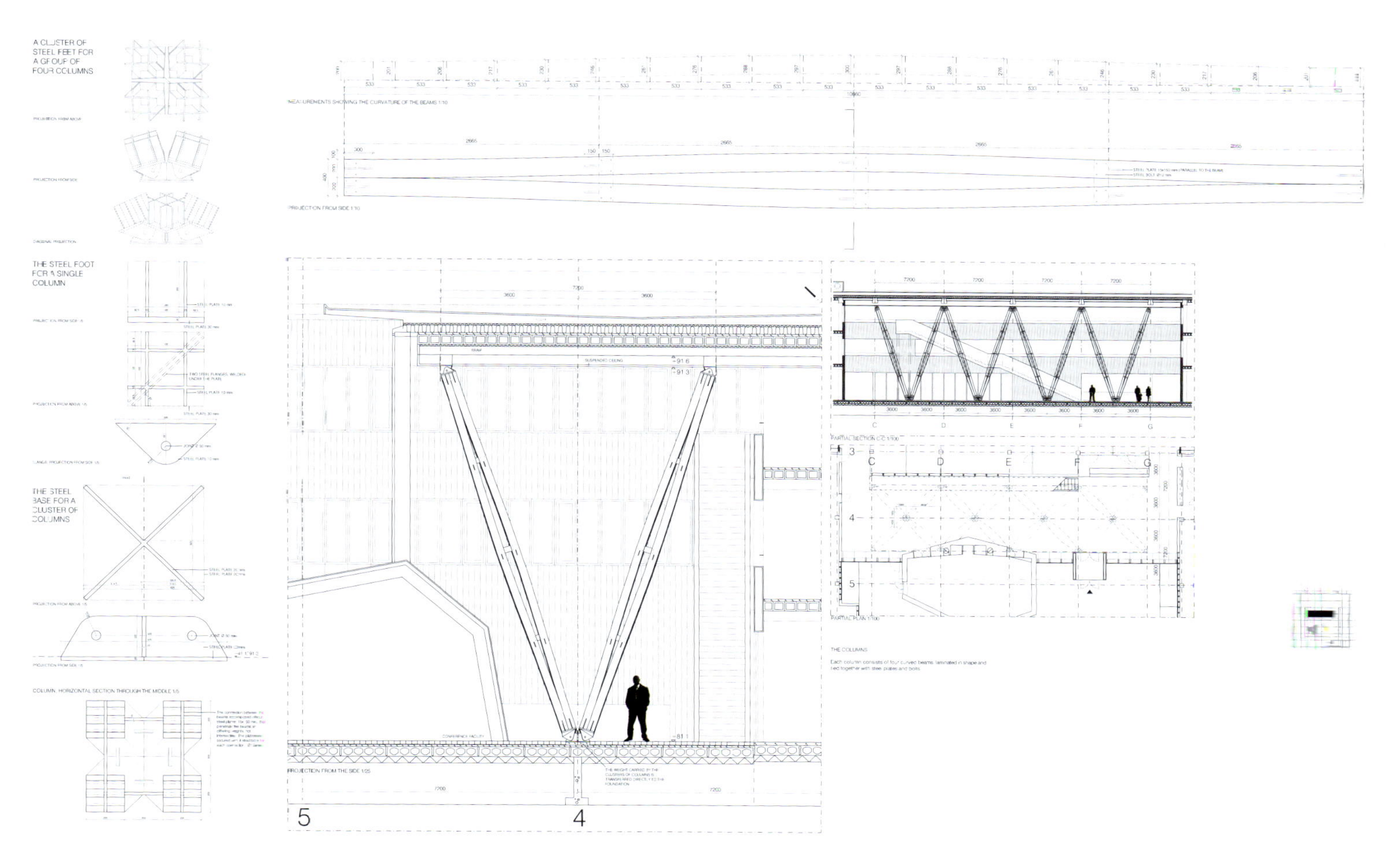

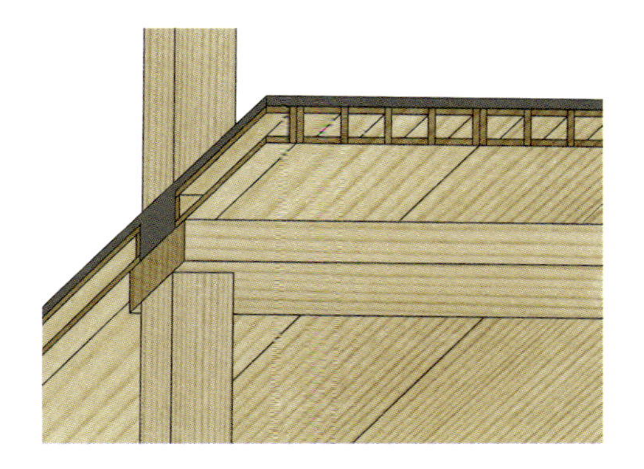

| 1 | 2
3 4 |

1.4 由复合木材制成，高达7.2m的原木梁柱群是该建筑的焦点所在

2 柱子细节图

3 木结构的图解

黑川雅之：人情与物韵

撰　文 | 李品一、白露

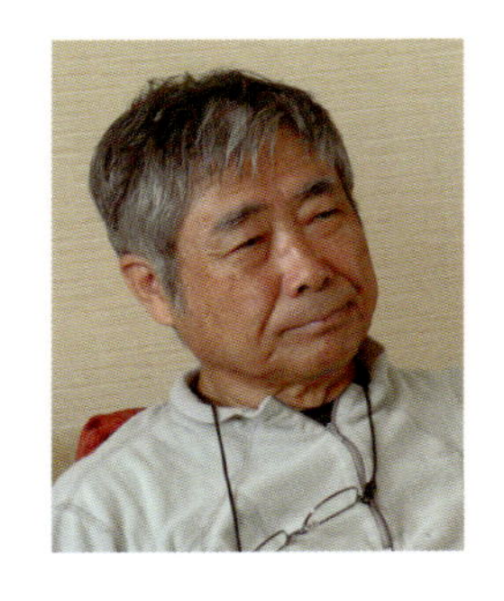

黑川雅之是日本著名的建筑家和产品设计家。1937年出生于日本爱知县名古屋市，毕业于名古屋工业大学建筑学专业，后相继获得早稻田大学建筑学硕士及博士学位，创立黑川雅之建筑设计事务所、K-SHOP株式会社，拥有日本金泽美术大学美学工业设计研究室教授、日本建筑学会会员、新日本建筑家协会会员等多重身份。初秋的上海，我们有幸采访了这位日本设计界的大师级人物，听他娓娓道来设计中的人情物韵。

黑川教授的态度非常随和而真诚。当这位年逾古稀的老人谈起自己的设计理念和作品时，顿时神采飞扬，往往使用大幅度的动作来辅助说明，仿佛年轻了许多。对“人”的关注，是黑川教授反复提及的。他用他的作品，贯彻了这种关怀。

ID=《室内设计师》
黑川 = 黑川雅之

ID 我们知道您是学建筑出身的，现在您既是成功的建筑师，也是杰出的产品设计师，让我们不妨从建筑设计谈起吧。很多前辈的日本建筑师，比如您的兄长黑川纪章先生，都热衷于建造体量巨大的建筑物，而您的建筑作品尺度往往比较宜人、精巧细致。您是有意而为之吗？

黑川 讨论这个问题之前，必须要先说一下当时日本的情况。在1960年代之前，日本的建筑如同一个个精巧的艺术品，每一座建筑物身上都充满了感情。1960年对于日本来说是天翻地覆的一年，各种各样的技术与思想涌入了日本，使日本的产业进行了一次革命。也就是从那时开始，日本真正地将自己纳入了世界建筑文化体系之中。1960年代~1980年代，日本迅速矗立起了许多仿佛产自流水线的，形本相似、方方正正、乏善可陈的摩天大楼，这是最初与国际接轨在建筑上的表现。这些巨大的建筑物使人分不清身处何方，也许是在东京、也许是在纽约。人们步行于高楼大厦的阴影之下，没有喘息的空间，步履匆匆，不复当初那般——怀揣着对美好的憧憬和渴望，在生活的细微之处发现美的闲情逸致。人们在这样的环境里，渐渐被建筑支配了。

我不喜欢这样缺乏人情温柔的建筑！在我的愿望里，我想表现的是一种不受政治因素干扰的、自由的、松散的环境。各种不同性质的建筑单体不会侵犯到使用者的权益。在这样的环境中，人们自然而然地聚集起来，形成良好的邻里关系，从而造就和谐的社区乃至城市。

ID 您也是因此转而关注产品设计领域的吗？

黑川 如前所述，那时的日本，需要对旧制度旧习俗来一次彻头彻尾的重组，需要巨大的建筑来作为一种标志和决心，因为巨大的建筑表现着都市的秩序，象征着新型国家的诞生。这样的情况在经济腾飞刚起步的国家是很常见的，我们不能全盘否定这些缺乏个性的建筑，然而不得不面临的事实是，建筑的生机在这样的量产中迅速枯萎、日薄西山。

那时，身处这场变革中的我有一种预感：建筑物将都市化，在一栋建筑物内部会包容一切衣食住行所必需的要素；同时，建筑将产业化，变成可以大批复制并且出售的商品。正当我对这样的前景有一点忧心时，我邂逅了产品设计。当时的产品设计还是非常不成熟的，优秀的作品数量极其有限。就是这样的一个新兴的专业给了我非常大的触动。我可以在产品设计中感受到一种跃动的生命力，这正是我渴求的——用简练的线条传达出人情、传达出属于日本的美。

ID 能否具体谈谈这个转变的过程和您想法的发展变化？

黑川 从建筑到产品设计的转变，对我来说是自然而然的事，我并没有刻意地去做什么，只是想换种方式表达。产品与建筑一样，都有着内部空间与外部空间。建筑物被六个面围合起来的就是内部空间，与之相对的就是外部空间。同样，产品也将空间划分为这样两个部分。例如一张椅子，由椅面和椅背构成的就是内部空间，与之相对的是外部空间一如一个花瓶，内部空间和外部空间的划分更是一目了然。因此，对我来说，无论是建筑设计还是产品设计或室内、家具设计，都是利用划分空间来传达我对人与人之间关系的理解。

以建筑来说，内部空间之于人们来说如同母亲温柔的怀抱，安全而温暖。当走出内部空间，首先注意到的是建筑的外立面。外立面如同父亲宽阔的后背与挺直的脊梁，虽然与母亲与温柔不同，表面看起来无言而坚硬，但这同样是爱，同样可以依靠。一个人的成长除了需要母亲温柔的避风港，父亲鞭策着子女勇于面对困难，向更广阔天地振翅翱翔的严厉的爱也是必不可少的。这种以划分的空间而传达的情感交流，不仅仅局限在建筑设计上。

内部空间与外部空间的和谐统一、相互联系，就像人和人之间的感情。有些感情并不需要宣之于口，而是需要人用心体会。

这些是建筑设计与室内、家具、产品等设计在我眼中的联系。也就是这种天然的密不可分的联系使我模糊了各种设计之间的壁垒。做什么设计完全取决于哪种设计方式能更好地表达我心中所想——无论建筑还是器物，它们需要的不仅是美丽的外表，更应该体现人和人之间的情谊。

ID 您在多年的设计实践中，发展出了一套设计美学理论。在《八个日本美学意识》一文中您提

出了八个植根于包括您在内的日本人深层意识中的美学意识，您是如何将其应用于设计的?

黑川 这八个美学意识分别是“微”、“并”、“间”、“负”、“秘”、“素”、“假”、“破”，它们之间并没有什么诸如递进关系，它们是我在工作和生活中的体验，是并列的。

国外谈论起日本人对美的追求时，经常将其上升到哲学的高度，但这是不对的。日本人对哲学并不感兴趣，它们更关注于微小的个体的感受。

美学意识与哲学是不同的。从对象来看，哲学是对整个人类精神世界的理性研究，而美学意识则体现于不同的个体身上。不同的人可能会因为不同的事物受感动。从后果来看，哲学可能会有错和对，但美学意识没有。能够让人感动的，让人心情愉悦的，或者引发其他触动的，这些都是美学意识想包含的内容。

我认为，明确哲学与美学之间的区别是做好设计的前提。到了现今这个时代，我觉得设计应该挣脱哲学的束缚，抛弃单调和乏味，将个性融入设计中去。

ID 您曾经用“暧昧性”这个词总结空间的魅力，能否更深入谈谈?

黑川 在说空间的“暧昧性”之前，必须要说到“暧昧”的来源以及为何要创造暧昧的空间。“暧昧”来自于东方传统美学，与西方的绝对论截然不同。它想以微妙的形式提供给人们更多的可能、更多的选择。

人和人之间是很孤独的。我就算知道你需要帮助，可是当你没有向我求助时，我主动伸出援手，说不定还会被误会。所以，就变成我想帮你却张不开口。不开口、不表示，别人也就不知道你心里所想。这就是人和人之间的隔阂，彼此是无法替代的。

人与人的交流有时就算身处同一个地方，所得到的讯息也并非完全准确。比如，我和我的女伴一起去海边散步，都被眼前的夜景震撼了。然而，那时的我脑海中想到的是去年在夏威夷看到的夜景，而她想到的是在另一个地方看到的夜景。就算心连心的两人，在面对着同样事物，心中泛起的感动还是不尽相同的。

这就是现在所讲的“非连续的连续时代”的到来。人们不能因为心中所想各自不同就切断彼此的关系。正因为人生来孤独，所以一直寻找着与其他个体之间的羁绊。

我们经常会做梦。我虽然没去过北京，但提到北京，我眼前立刻浮现出我所认知的北京的形象。又或者别人在聊天，我会猜测他们在想什么，在说什么。至于他们所说所想是否与我所理解的一致，我无从可知。作为一个设计师来讲，需要把梦一样的感受在设计作品中体现出来，需要把个人对生活、对人情的认识融入作品之中。我认为，能让人感动的作品源于设计师的想像，想像使得作品有更多的可能性。

那么，说到“暧昧”了。“暧昧”就是一种梦想。例如，遮在实物表面的那层纱，人们老是想去揭开，看看被纱覆盖的到底是什么。如果同样一件东西毫无遮挡地被放置在谁都可以看到的地方，那么人们投在它身上的关注就会比之前那种情况之下少很多。如果设计师能把暧昧用在设计中，那么他们就给这个世界提供了更多的梦想。

日本有一种传统戏剧叫作能剧，演员需要以面具覆面(此面具即“能面”)，在舞台上以道白歌舞的方式来完成整出剧目。其中，用以代表女性角色的能面，看起来没有丝毫的表情，很静默。然而，随着表演，观众仿佛可以从这张能面上看到喜怒哀乐。面具并没有改变，改变的只是观众的心境，所以在他们眼中，面具的表情也改变了。——这就是暧昧。在这种情境中，客体并不需要改变，主体的感情会让它改变，使它变得生动。

我们应该把这种暧昧充分用于设计中，让使用者能参与到作品中来，自行理解、自行体悟。

ID 那么，具体到设计作品的表现形式，比如曾经

观赏过您的Irony茶壶，在材料的选取上非常别出心裁，您在选择材料、形制的时候是怎么考虑的？

黑川 人们拥有一个巨大的记忆库，当触摸某种材质时，就会将感受与记忆联系起来了。比如你说的Irony茶壶，我使用铁作为制造茶壶的主要材料，是因为当触碰到铁这种材质时，许多回忆涌上了我的心头——寒天、暖火，甚至还有我的父亲与家人。而触摸青铜给我的感受就是远古的、质朴的、庄严的。我希望能将这两种材质融为一体，希望观众或使用者触摸到这件作品时就能产生自己的感受，无论这种感受恰好是我想表达的，或者是自己感受到的。当我的作品被触摸时，我仿佛也被拥抱着，人和人之间的距离好像也可以近了那么一点了。

材料是有生命的，我的作品与其说是重视造型，不如说是重视素材。要让所使用的素材焕发生命，必须要重视它们、理解它们，同时要具有想像力，要设想素材能给你带来怎样的感受，给其他人又会带来怎样的感受。

ID 您似乎并不像有些艺术家或设计家那样讳言商业，您如何看待商业性与艺术性？

黑川 商业性与艺术性其实是密不可分的。如果以人来比喻这两者之间的关系的话，商业性就如同人的肉体，艺术性就像人的心灵。一个人如果没有肉体，心灵就没有可以栖息的场所；而一个人如果没有心灵，剩下的根本就是一具行尸走肉。

再讲到我的经营理念。我并不排斥商业化，因为商业化使我的作品能够为人所知，能够为我带来收益；但我也不会因为商业利益而放弃自己的设计灵魂。如何平衡这两者关系，还是需要把握一个“度”。

ID 您在设计领域取得了今天这样的成就，能否向当今的学子们分享一些求学的秘诀，讲讲您求学过程中的经验？

黑川 在我的学习过程中，导师和同学扮演着重要的角色。不过，无论是与导师还是与同学交往，我们之间的关系是平等的。如果不囿于学校，而将目光投向世界，当时的导师和学生是处于同一起跑线上的。我们可以一起探讨项目的可行性，我们是在求知道路上的伙伴。学校是我成长的平台，世界才是我想扎根、成长、发展的舞台。

在我读书的那些年里，我迷上了柯林·威尔森（Colin Wilson）的犯罪纪实类小说。他将心理学、哲学等融入了小说体裁中，用冷静而富有原创性的文字描述了心理学与哲学中非常艰深的问题。我当时如饥似渴地将他所著的在日本出版过的书全部仔细阅读。他对人类意志与渴求的论述给我了一定的启示，那就是要对自己、他人、社会乃至全人类真诚，要尊重和珍惜人与人之间的感情，要有使命感和责任感从而确立自己的目标。当时，研究这方面理论的学者在日本并不多见，柯林·威尔森的书不啻成为拓展我眼界的一把金钥匙。同时我也认识到，自己不能局限于国内，要把眼光放得更长远，接受来自世界的新知识、新观念。应该拥有更远大的抱负，走出学校，接触来自各方面的情报。

虽然建筑在今天已经不再那么闭塞，中国的建筑类专业学院也已经和世界上其他著名院校有了密切的交往，不过，自发地积极接触社会、接受世界最新理念，把社会当作培养自己成长的真正的大学，同样是今天的建筑学子应该持有的态度。

ID 您在传承日本传统方面受到了业界的广泛肯定，通过您自己的经验，您觉得中国设计师在继承中国传统的时候应该注意哪些方面呢？

黑川 传统的继承既不是对过去的照搬，也不是盲目的推翻。对传统的继承是一种将其深刻理解、消化，从而使它们成为自己设计思想的一部分，自然而然地体现在作品中。最近，我去参观了艾未未在东京森美术馆举办的个展，深深被打动了。我觉得他的作品很简约、很当代，很能体现中国特色而且让世界各地的人都能理解。比如，他用自行车组成的装置将近现代的中国与当代中国串连起来。自行车这个元素在生活中很常见，并且时间跨度很大。艾未未很好地抓住了这点，既表现了历史，同样也表现了当代。他的另外一件作品也具有很强的震撼力——用数吨重的普洱茶建造的房屋，造型洗练一如现代主义影响下的产物，然而材料的使用让人一眼便能认出深厚的中国特色。

现在的中国设计师队伍中，有艾未未一样伟大的设计师，将当代与传统结合得天衣无缝。当然也有达不到这个水平的人。在日本也一样，无法将日本传统的美融入作品的设计师比比皆是。

我的建议是，大家都用真诚的心、朴素的心去体悟传统美学，扎扎实实地做自己的作品，肯定能达到最后的融合。为了突出中国特色，将传统元素硬行附会于作品之上的做法是不明智的；为了融入世界盲从反复而愈发不可捉摸的潮流更是不理性的。要真正做出属于自己国家及民族特色的作品需要长时间的累积，需要平心静气的思考，需要放开怀抱以更开放的心态包容一切。真正成熟理智的开放并不会使传统湮灭，反而会更好地保住国家民族的精神。END

2009年8月8日,《室内设计师》联手时尚设计类电子杂志《做梦》,由“生活至尚CASA”支持,在上海市淮海中路796号一座市级历史保护建筑中举办了一场别具特色的设计论坛。淮海中路796号改造项目的总设计师——来自kokaistudios的Filippo Gabbiani和Andrea Destefanis与现场十余位杭州新锐设计师交流了如何做“非常规设计”的经验。Filippo通过案例分析介绍了何为“total design”(完全设计),Andrea则以互动方式与设计师们讨论了和设计相关的诸多话题,两位设计师还亲身导览,带领与会设计师参观淮海中路796,一一解说每个动人细节。优雅舒适的空间与嘉宾的精彩讲解,令与会者更为真实生动地感受到了名师设计的魅力。

突破常规

KOKAISTUDIOS谈“完全设计”

撰　文｜银时
摄　影｜朱涛
资料提供｜KOKAISTUDIOS

Filippo 谈淮海中路 796：酒香更要巷子深

让我们从 796 开始，这个项目的诞生可以说颠覆了人们对奢侈品门店选择的传统观念。基地共有 5 栋建筑组成，大门正对淮海路，基地中心部分为历史保护别墅，建于 1920 年代。北边的楼目前是历峰集团的办公总部，一层是一个艺术画廊。西边和南边为服务辅楼，户外花园地下为车库。我们现在身处双子别墅中较晚那座楼的顶层。双子楼蕴含丰富的历史元素，比如 1920 年代由上海最好的木匠制作的雕花木楼梯以及楼梯间精美的彩色玻璃窗，这些保留下来的历史元素已经从建筑或者说设计上赋予这个空间强烈的特性。

改造前，建筑外立面的情况非常差。北边的楼是 1990 年代建的，没建完，基本就是个"烂尾楼"。双子别墅历经修缮、加建，增加了很多结构，如当中的玻璃房等，但其手法却不尽如人意，已经很难看出原来的风貌。在过去四五年间也有很多业主来看过这个基地，他们有的想做精品酒店，有的想开餐厅，但从没有人想过在这里开奢侈品门店，因为大家都觉得它在淮海路上的门比较窄，没有开阔的展示面。我们设计的理念就是要在淮海路这样一个人流高度密集的地方，通过一个幽静狭小的入口，引领人们进入一个我们称之为城市绿洲的安静场所。我们认为，一个高端奢侈品销售的场所应该以质量而不是数量取胜。当你走进这扇门，进入一个优雅的场所，人的情绪会发生变化，购买行为也会潜移默化地受到影响。我们觉得这样一个场所会给品牌增添更多附加值。当我们把这种观点讲给品牌方的人听时，他们既很有兴趣，同时也非常惊讶于这种理念。其实奢侈品经营策略中有很多规则是出于保护其品牌形象和利益角度制定的，这也是他们集团第一次跳出市场层面的决策，从艺术、设计的角度出发，开发一个全新的系统。对我们来说，也是第一次与登喜路的设计总监以及 KEE CLUB，江诗丹顿的管理方在设计上合作，通过室内一些移动家具包括装饰系统，在一个完整建筑系统里融合呈现三种完全不同的风格。改造后，整个双子楼的结构被重新整理过，整个基地的结构也被重新梳理。

登喜路所在的东楼的室内设计力图呈现一个收藏家的天地，通过许多藏品展示其品牌文化精髓，从品牌宣传的角度讲这也是一次革命。这个收藏天地带回了别墅曾经的奢华氛围，里面有超过一百件的定制家具和装饰品。一些偶然的发现和创意都会带来非常棒的效果，使销售可以在一种不寻常的气氛中进行。比如有一张我们进入之前就一直放在这里的桌球桌，我们把它修缮和打磨后再放回来，同时也带回了它身上延续着的那种历史感。

而江诗丹顿所在的空间则较难处理。江诗丹顿是顶级制表品牌之一，就不像登喜路那样有很多衣服用品摆设可以填充空间，也不像 KEE CLUB 那样有餐厅常规的陈设系统，谁见过"空间很美"的表店？我们去了一次日内瓦，从江诗丹顿的工厂里搜集了很多百年前的制表设备。古老仪器上的木制中轴和黄铜齿轮给了我们对于江诗丹顿室内空间选材和色调的灵感。同时，这座楼原本就以典雅精致的黑白色为主调，这也使我们更加确信我们选择的材质和色调与建筑本身的气质是非常相配的。我们还在工艺上复原了很多老上海传统工艺的做法，比如油漆，我们全部采用过去手工上漆的做法，要刷 17 层。所有陈列系统都是定制，我们研究了上百种对于表这种产品的展示方式，但没有一种是完美的，照明、安全，都必须考虑进去……我们之前也想过采取传统的橱柜方式陈列，但完全跟建筑风貌不搭调。最终我们采用了现在大家看到的这种类似画廊的画框陈列的形式，但我们把框架尺寸放大到整堵墙那么大。图片上看空间很干净，手法也很简单，其实背后有太多太多细节。跟江诗丹顿这

种高端制表品牌合作对我们来说压力真是太大了，他们对于每一个细节可以说都是用放大镜去观察的，所以我们确实是一个螺丝也不敢放松。

对北边的新建筑的改造完全诠释了我们对“优雅建筑”的理解。优雅不是来自过度设计、昂贵的材料，而是来自对细节的深入研究，通过对尽量少的材料加以巧妙地组合和利用而传达出一种意境。我们特别喜欢这座楼的新旧对比照片，因为大家都可以看出来反差实在是太强烈了，充分展示了我们是怎样利用原有资源把这座“烂尾楼”改造成了一个有趣又实用的建筑。在这座建筑上我们只采用了三种材料，都是基地原来就有的：橡木（地面的主要材质）、黄铜（门窗把手）、水泥（外立面材料）。我们把基地里原有的一堵状况不佳的墙改造为景观墙，试图营造一种静谧的氛围。现在当人们进入一楼的画廊空间时，往往会对着这堵墙久久不舍离开。我们将大理石纹理用完全不同的方式拼接，在真实的竹林后营造出一片人工的婆娑竹影。画廊里的柱子边角部分都用黄铜做了衔接，因为考虑材料会有收缩，所以做了这种处理预防日后开裂。我要特别说一下地面，我们看到中国很多设计项目都喜欢把木地板处理得非常光滑、闪闪发亮，我们觉得这不对。我觉得木头这种天然的材料是需要呼吸的，前人采用木材就是因为木材会随时间流逝而留下印迹。希望大家能加入我们的行列，如果业主要闪亮的地面，完全可以用大理石；如果用木地板，就不要抛弃可以赤脚踏在上面享受那种温暖和柔和的机会。

类似于这种高端奢侈品零售项目设计，最重要的两点就是：进度和预算。项目工期必须非常短，而且要有效率。基于我们多年在中国工作的经验以及控制工期预算方面比较好的口碑，所以历峰集团选择我们总控该项目。我们花了两个月做了一个对于项目开发进度的深入研究，在 15 个月内完成了设计施工。面对淮海路这么一个人流密集的地段，并且整个过程中每一个细节都是根据项目特性定制的，整个工作量非常庞大。能在这么短时间内完成项目，对我们来说真的是个奇迹！

Filippo 谈 Shama Luxe：简单、舒适、优雅

Shama Luxe 是一个酒店式公寓，之前这类物业的建筑设计是有一个很死板的标准的，所以香港的 Shama 酒店管理公司邀请我们在新天地周边做一个具有新的服务理念的设计。整栋建筑是标准的住宅楼，30层，每层四间，面积在 100~230m² 之间，顶层有一个带户外游泳池的套房。之前我们在中国看到了很多太过标准化的设计，我们自己也住过不少酒店式公寓，都住得很郁闷，所以我们希望可以在这个项目中找回居住的快乐。

我们按楼层把整个建筑用四种不同的颜色分为四段，其家具形制和材料装饰都一致，四种不同颜色的排列组合营造出十六种色调变化，给居住者的感觉就是他住在专属于自己的房间里。每间房的家具配饰也基本都是定制的。

设计卧室时，我们运用了一些柔软、发光材质的变化，比如床品选用柔软材质，而桌椅则运用比较闪亮的材质。纱帘是我们用在所有房间的一个元素，即使是进深只有 1m 的房间，我们也加了纱帘来营造亲密和私密的氛围。我们发现，做这类项目的一个制胜法宝就是：所有的床垫必须定制。我们总能接到 Shama 用户打来买床垫的电话，他们觉得那个床垫确实非常舒服。

顶楼的豪华套房，透明的玻璃起居室是加建的，可以 360° 观赏上海市中心景色，而且这个起居室是架在恒温游泳池上面的，即使是在冬天也可以随时拉开门跳入池水中。施工期间已经有很多纽约的杂志带模特来这里拍大片，使这个居住场所同时也成为了一个时尚场所。

电梯厅的设计也非常简洁。通常客户总希望这里的设计和装饰元素要非常丰富，能够让客户体会到一种富丽堂皇的感觉，但我们觉得没有必要。就在墙面上放了一个巨大的楼层数字标识，通过照明设计营造出高贵的感觉。每个电梯厅的色调有所变化，让人容易识别。整个公共空间包括餐厅我们都是用很现代简洁的语言设计的。大堂里的家具也基本定制，两盏 Venetian 琥珀色玻璃吊灯已经成了这里的标志。我们想通过这个项目告诉大家的是：优雅其实可以很简单。

Filippo 谈 Lounge18：寂静的热烈

我们在一年多以前完成的位于外滩 18 号四楼的 Lounge18，对酒吧和夜店的概念进行了全新的诠释。我们的理念就是做一个把 lounge bar（静吧）和画廊融合在一起的空间，通过完全不同的方式来重新定义“夜生活”的概念。

整个项目约 $1200m^2$，只用了 6 种材料，通过一些颜色的变化带来区别。项目完成后，看起来一点都不像酒吧。施工最后阶段，我们请了一些很有夜店经验的朋友来参观，无论中外，所有人都觉得我们疯了。我们居然在一个酒吧里做了木地板，黑白色调的地毯！这都是这个行业完全不可能采用的。但地毯是很容易清洗如新的，而地板经过了一年多的踩踏，留下了种种痕迹，也形成了一幅天然的抽象画，它记录了这段时间以来这里发生了什么。

在入口处，我们设计了一堵巨大的装饰背景墙，这也是反常规的，因为一般酒吧都会把进门的区域设计得令人有“预热”的感觉，而大面积的墙完全阻断了酒吧里的风景。整堵墙长 10m，以双面钢结构定制铸成，墙体表面以普通的圆形磨砂玻璃镶嵌钢结构外圈装饰，墙体内部摆放上百支蜡烛照明。墙体在白天映射天光，晚上则投射烛光，视觉效果都非常强烈。其他反常规的细节还有白色的顶棚、白色的柱体……这里的家具，大概有 64 件，都是定制的，没有夜店肯做这样的投入去定制 64 件不同的家具的。中央吧台有一个很大的红酒柜，在一般酒吧也是看不到的。酒吧的吧台，要铜匠花差不多两个月才能打磨出这种质地……诸如此类的反常规细节可能一天一夜也说不完。但是，最终这里成了上海最火爆的酒吧之一，每晚都有四五百人光顾。我们相信，当人们走进这里，他能够感觉到那种精工细作所带来的质感，能够体会到这些细节背后凝聚的心思。

还有两个要强调的地方就是雪茄吧和卫生间。我们觉得雪茄吧的感觉应该是像在家里一样，所以我们在墙的饰面上采用了绿色，之前也是有很多人觉得这种颜色根本不可能被认可。再有就是卫生间，这里的卫生间我是花了很多心思来设计的。我觉得在娱乐场所里，卫生间的设计是很重要的，有时候甚至比舞池还重要。很多人去了卫生间有了一个很好的体验之后，就会跑回来跟同桌的人宣传：这个卫生间非常棒，你们一定要去一下！现在大家上网搜一下的话可能会找到很多人在这个卫生间的留影，我想这说明这个项目确实成功了。

与 Andrea 交流：意大利设计师的中国设计

听众 我听说现在的 Lounge18 室内的情况跟图片相比已经有不少变化，不知设计师是怎么看的？

Andrea Destefanis（以下简称 A）：Lounge18 是差不多两年前完成的，当时上海夜店比较多的是以外国人为主要客群。Lounge18 在营业第一年的时候其客群是非常高端的，但金融危机来了以后，这个客群流失了近百分之五十，经营者要继续运营，不得不接受相对低龄化的客群。近期他们好像也要暂时关闭两周再重新开幕，室内会做一些变化来应对这种改变。

听众 KOKAI 不少项目的家具和配饰都是定制的，您能否谈谈这方面的经验？

A 设计 Lounge18 时我们看了非常多 1920、1930 年代老上海家具的图册，收集到一定数量的信息后，就找我们在上海本地的合作商，出一个很粗略的手稿，他们据此做一个最初的样品，之后就不断调整。设计家具真的是非常有趣的工作，但可能只有在中国才有这样的机会。在欧洲一个设计师一生也许只能做十几套设计，室内设计师基本就是挑选成品，江诗丹顿很多定制家具都是在上海周边做的，成本很低，以至于后来他们在欧洲的很多店都是到中国定制家具再运回欧洲，但反过来说在中国要找到设计感跟舒适度都近于欧洲设计的家具成品也不容易，希望在将来这方面能得到提升，那么大家都工作都会比较方便。

听众 江诗丹顿的设计灵感来自于一台古老的制表设备，那么请您谈谈登喜路之家的设计灵感来自何方。

A 双子别墅的两座楼是在不同时期建造的，虽然结构和外观基本一致，但其内部完全不同。江诗丹顿那座楼是早一些的，其内部装饰性非常强，江诗丹顿本身的品牌风格就比较典雅简炼、富于装饰性，较为女性化，自然与其气质匹配；登喜路这座楼是为业主两兄弟中的弟弟造的，就是为了扩充产业，内部的精美度较之前那座弱化很多，气质也比较粗犷，与登喜路那种男性化的气质更为贴近，也易于品牌做些装饰和陈列。我们做设计之前也跟两个品牌沟通过，让他们自己选择要哪一座，他们自然而然就做出了选择。登喜路的设计灵感实际上也是来源于空间原本具备的气质，比如其色调就是木楼梯原本的色调，完全契合陈列服装所需那种暖色调。

听众 我想问一个问题，因为在中国改造设计还是刚起步，没有什么统一的规范，设计师在工艺上设计上的一些想法如何与施工方沟通？

A 我们觉得，虽然没什么统一的手册，但是中国工人真的很厉害，几乎什么都能做！其实把我们的热情传达给那些做实事的工人是非常重要的。比如在做这个改造项目时，我们公司一位意大利古建专家每天都会来现场，和工人一起工作，教他们怎样处理细节。人都是有感情的，他们感受到你对这个工程的热情，最后他们变得比我们还挑剔，处理细节比我们还精细。与工人合作时，我们并不把自己放在很高的位置，就是一个做事的人，也经常到现场做一些很基本的工作。我们觉得很多工人可以做得更好，只是他的潜力还没被发掘出来。

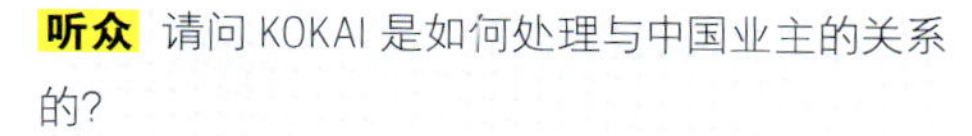

听众 请问 KOKAI 是如何处理与中国业主的关系的？

A 我们觉得与业主的沟通是项目成败的关键。比如历峰是一个非常商业化的集体，他们对于设计风格是没什么概念的，但他们给了我们充分的自由发挥的空间，所以我们也是很费心思。而餐饮娱乐项目的业主有非常强烈的主观意愿而且坚信他的想法可行，让业主百分之百信任接受你的观点是非常难的，我们也不总能做到。我们觉得唯一的诀窍就是要在现场做很多工作，在现场跟业主沟通，他会觉得你现场解决了很多问题，可信度会提高。有时候我们也会与业主有争执，但适度坚持自己的观点还是有必要的。吸收反馈太多，可能风格就会不统一了。

我们到中国来的时候其实正赶上改造项目的高潮，活儿很多，但我们宁可做一些比较小但看重质量的项目。正因为有这样的项目，这样的业主，我们才决定留在中国。我们公司只有 15 个人，也不打算扩充规模，这样我们才能细致地控制每一个项目。我们希望，我们接手的所有项目都能在合理的工期和预算中做出最高的质量。END

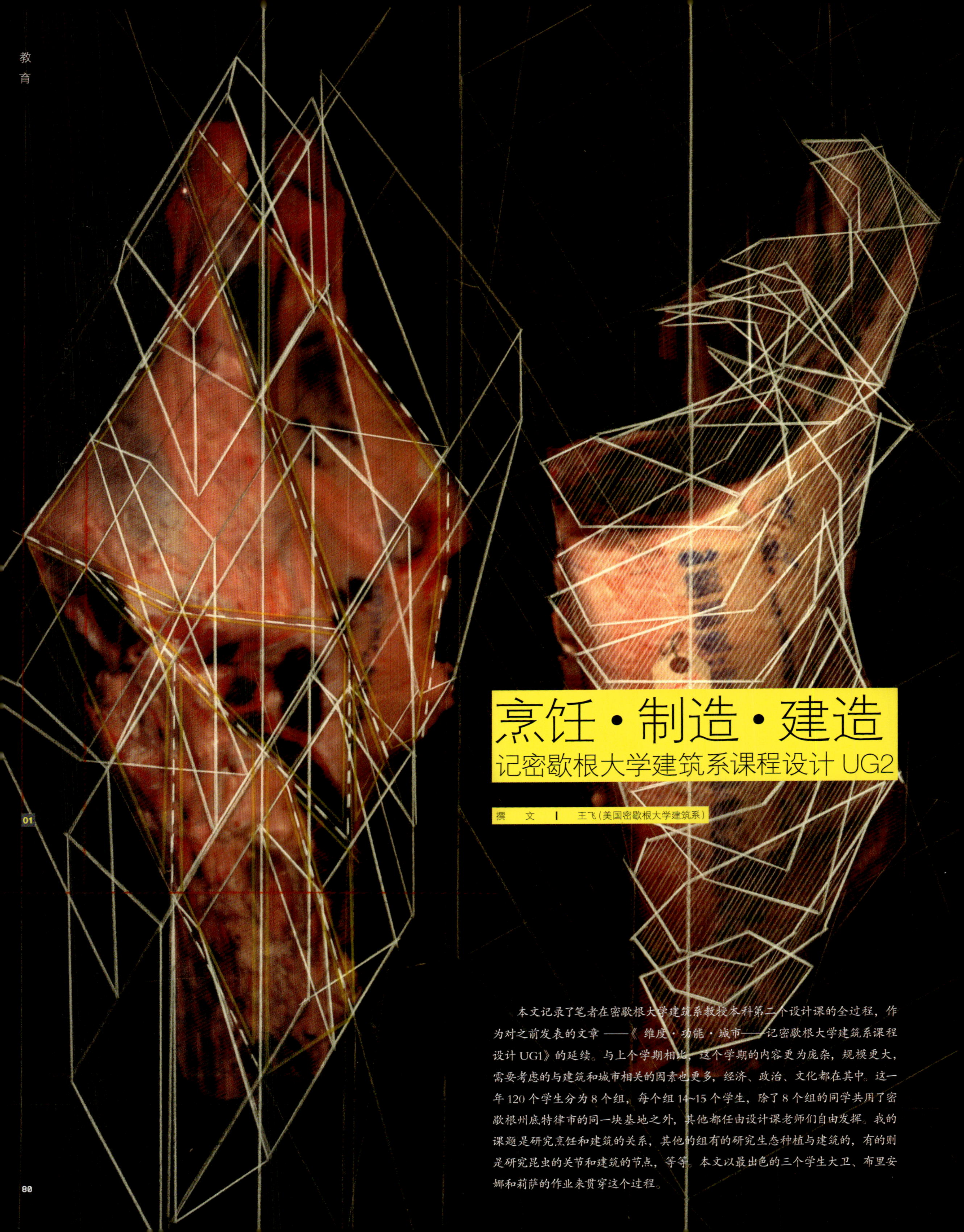
01

烹饪·制造·建造

记密歇根大学建筑系课程设计 UG2

撰　文 | 王飞（美国密歇根大学建筑系）

本文记录了笔者在密歇根大学建筑系教授本科第二个设计课的全过程，作为对之前发表的文章 ——《 维度 · 功能 · 城市——记密歇根大学建筑系课程设计 UG1》的延续。与上个学期相比，这个学期的内容更为庞杂，规模更大，需要考虑的与建筑和城市相关的因素也更多，经济、政治、文化都在其中。这一年 120 个学生分为 8 个组，每个组 14~15 个学生，除了 8 个组的同学共用了密歇根州底特律市的同一块基地之外，其他都任由设计课老师们自由发挥。我的课题是研究烹饪和建筑的关系，其他的组有的研究生态种植与建筑的，有的则是研究昆虫的关节和建筑的节点，等等。本文以最出色的三个学生大卫、布里安娜和莉萨的作业来贯穿这个过程。

1 烹饪・制造（3周）

对于古希腊人，poesis（Making，制造、制作）都是诗意的（poetic），maker（制造者）都是poet（诗人）。当时各种制造之间都是相互贯通的，几千年来人类社会和科技的发展使得各个行业之间和之内分工细化，各种制造之间的关系越来越疏远。我们一般都认为建筑师就是造房子的，可是我们现在很少直接造房子了，而只是制造图纸和模型，图纸和模型与真正的建造之间还有很大的距离。从这个意义上来说，我们已经脱离了architect（建筑师）拉丁词源的本意——“首席建造者”。

第一个作业是以食物的制作来引导学生理解各种制造之间的关系。18世纪法国著名的大厨兼菜谱作家卡利默（Marie-Antoine Careme）这么认为：“当我们没有好的烹饪的时候，我们就没有好的文学，也不再会有高超和尖锐的智慧，更不会有友善的聚会和社会的和谐。”著名建构理论家马可・弗拉斯卡里（Marco Frascari）曾这样说“食物一个理想而诗意的‘形象’（icon），它允许建筑师揭示人类与科技之间的关系中隐藏的意义，以达到一种新的建筑体验的理解。”他曾经将建筑制作比做食物制作，好的建筑师也像好的厨师一样，从来不会将食谱生搬硬套，总是因地制宜的，而且对材料和材料性的把握和敏感也和厨师对各种配方的关系一样。美味也不能只作为一个名称或者形象被普遍地复制，好的菜肴似乎总是出了某个地区再也不会完全正宗了，就像建筑和材料、场地关系一样。第一个作业允许学生选择某一种菜肴来进行解读，最后以装置的方式来诠释它的文化性、地域性、社会性、材料性等等。给学生的参考书目包括：Jamie Horwitzr与Paulette Singley主编的《品味建筑（Eating Architecture）》（2004），Petra Hagen Hodgson和Rolf Toyka主编的《建筑师，厨师和好滋味（The Architect, the Cook and Good Taste）》（2007）和马可・弗拉斯卡里的论文《建筑通心粉（Architectural Maccheroni）》。

学生们的选择和切入角度十分多样，包括：墨西哥辣椒（研究吃的过程的感知）、日本铁板烧（研究厨房和餐厅之间的透明性）、俄国饺子（研究制作过程的社会交流性）、汤的历史（研究汤的社会性）、寿司（研究各种原料之间的连续空间性）等等。

大卫选择了切肉的过程和画法几何的关系。他和屠夫相处了一整天，拍了几百张照片。首先他将刀的若干主要的点进行定位，然后将整个切肉的过程的实践性记录下来就得到了一系列动态的图解，然后他将各个切面进行几何的分析。随后分析了17、18世纪著名的法国建筑师菲利贝・德・洛梅（Philibert de l'Orme）和意大利著名建筑师瓜里尼（Guarino Guarini）的理论及其作品，两者都认为几何与石材切割（stereotomy）紧密结合，而不仅仅单纯是抽象的点、线、面，几何应当是有物质性的。而后他将所得到的几何关系和身体相结合，最后设计了一个可移动的切肉工作台（图01~07）。

布里安娜选择了面包的制作过程，她着重关注和面的过程，以及材料和形式之间的关系。她将整个和面的过程以录影的方式记录下来，然后将十根手指在每一帧以不同角度的进行定位，然后将它们横向和纵向连线得到动态的形式。然后设计为一个有两种不同软性和硬性材料的橱柜，接着研究木框架的图案性和软性卡纸表皮的灵活性。最后她做成了1:1大小的实体研究模型（图08~12）。

莉萨选择了环形芬兰面包，并研究它连续

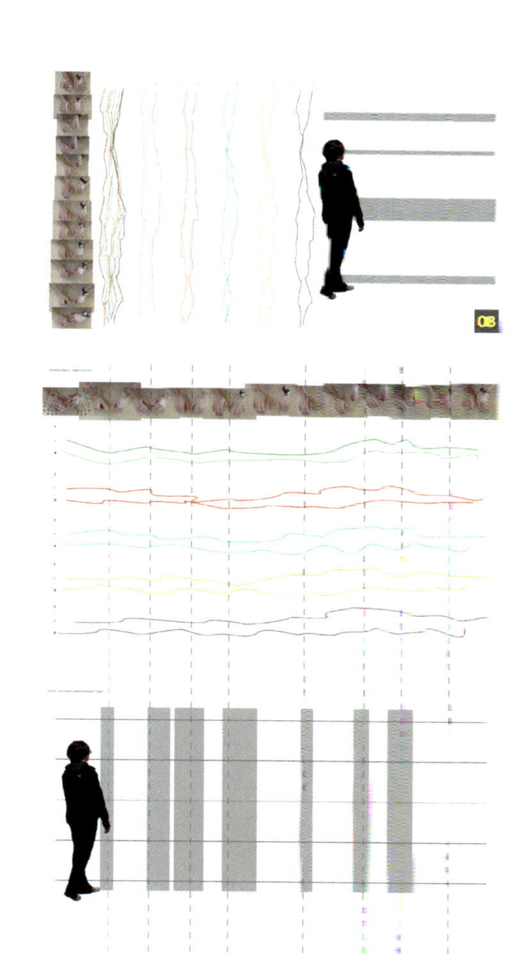

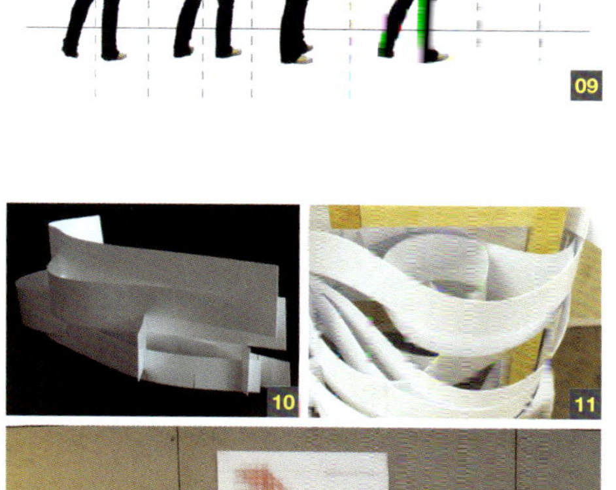

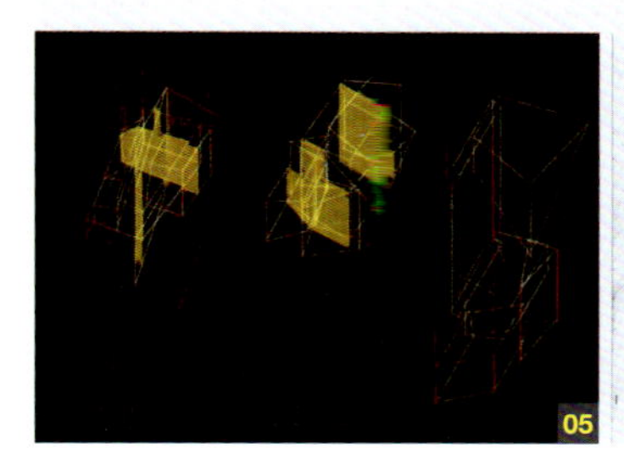

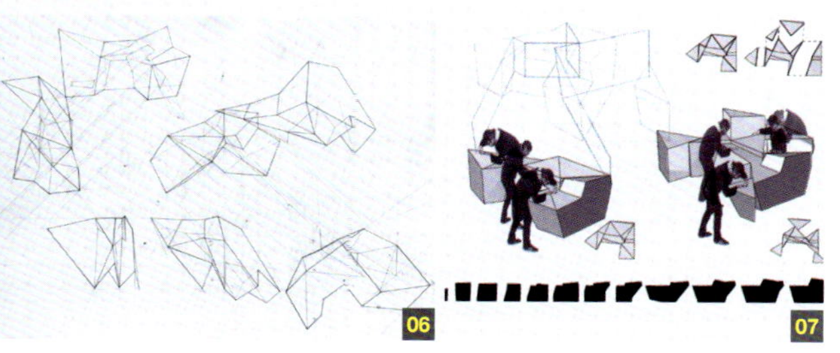

Braiding Pulla into a 4-Braid Loaf

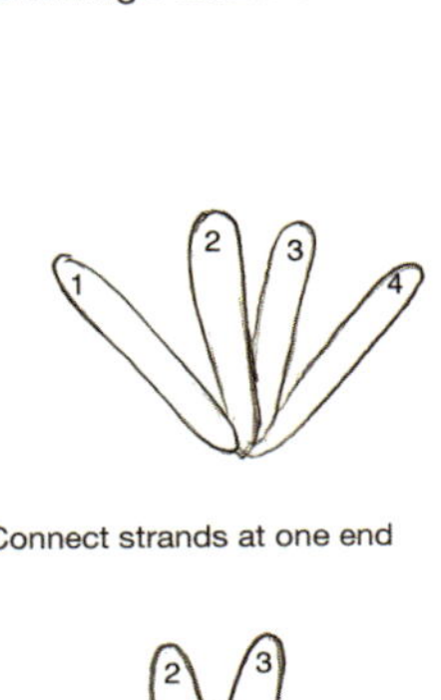

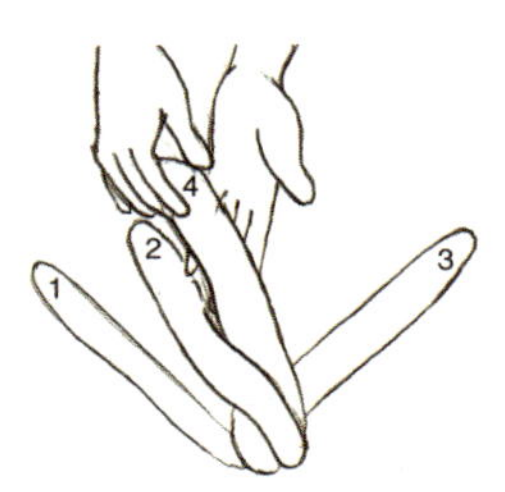

Bring strand 1 over 3

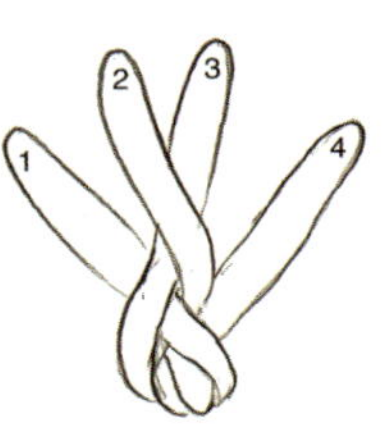

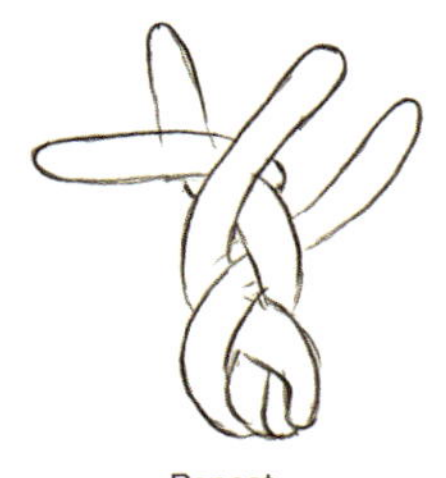

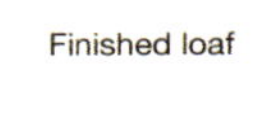

13

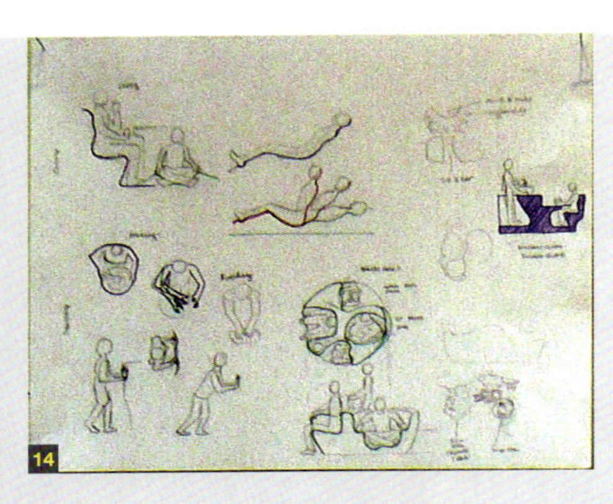

14

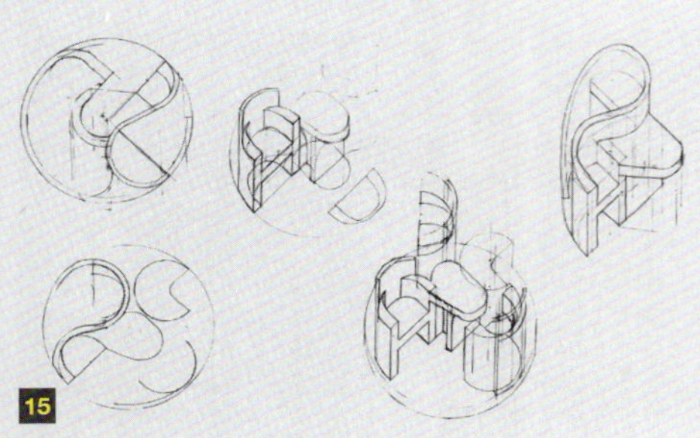

15

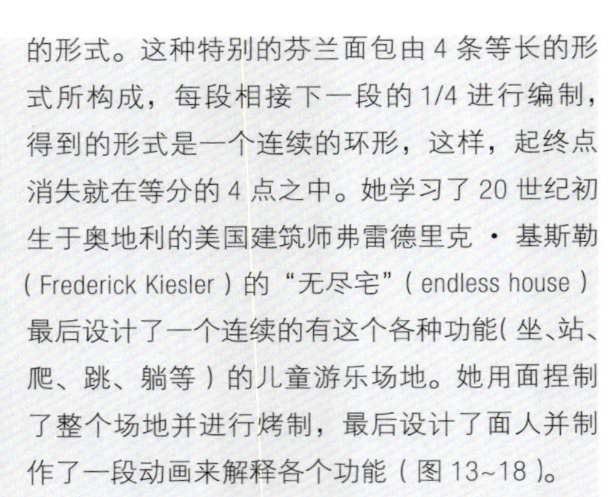

的形式。这种特别的芬兰面包由 4 条等长的形式所构成，每段相接下一段的 1/4 进行编制，得到的形式是一个连续的环形，这样，起终点消失就在等分的 4 点之中。她学习了 20 世纪初生于奥地利的美国建筑师弗雷德里克 · 基斯勒（Frederick Kiesler）的“无尽宅”（endless house）最后设计了一个连续的有这个各种功能（坐、站、爬、跳、躺等）的儿童游乐场地。她用面捏制了整个场地并进行烤制，最后设计了面人并制作了一段动画来解释各个功能（图 13~18）。

最后这三个学生的作品被选入了密歇根的 WORK 画廊的群展“五感”进行展出。

整体来说，学生们都从第一个作业中得到了很多关于制作和建造的概念和思考，每个学生都从不同的角度来诠释和理解烹饪，但其他一些不是太成功的设计问题在于太过形式化，虽然有一个建筑性的思考的概念，但并并且落实到最后节点和材料的建造。

2 图解底特律（3 周）

第二的作业与第一个作业暂时脱开，关注的是更大尺度的底特律的城市分析。底特律是汽车之城，曾经是美国十大城市之一，但由于经济的原因自 1970 年代已经没落，它距密歇根大学一小时车程，也是附近的唯一大城市。我们带着学生在 2 月白雪皑皑的隆冬去看基地。基地位于市中心的正北，北临住宅区和州际高速公路，西临 Wayne State 大学，东临 Center for Creative Study（底特律创意学科中心），南接 Institute of Contemporary Art（底特律当代艺术中心）。在这个阶段的研究中我们并没有告知学生最后一个设计的功能，而让学生更多的关注不同尺度（大都市城市尺度、区域尺度、街区尺度 3 个不同尺度）的城市分析。城市分析的目的不是为了再现现有的状况，而是先对不同元素单独的解读和分析再通过将不同的元素进行叠加来发现城市和基地周围的问题和对未来设计进行推动的因素（图 19）。学生们运用图解和模型来进行分析，切入点十分多样，有从经济和人口入手的，有从犯罪率和街区的关系入手的，有从分区入手的，也有从视觉入手的。

大卫首先从大尺度的城市地标的视觉点进行分析，然后分析了小尺度的视觉定位（图 20~23）。

布里安娜研究的是城市街区的密度和收入与产出相对比，做出一些图解，而后分析了街区立面的公共性和私有性（图 24~26）。

莉萨首先分析了底特律的分区和道路。她将道路的走向和主次干道单独提取出来分析，然后分析了基地的视觉所能达到的范围（图 27~29）。

16

17

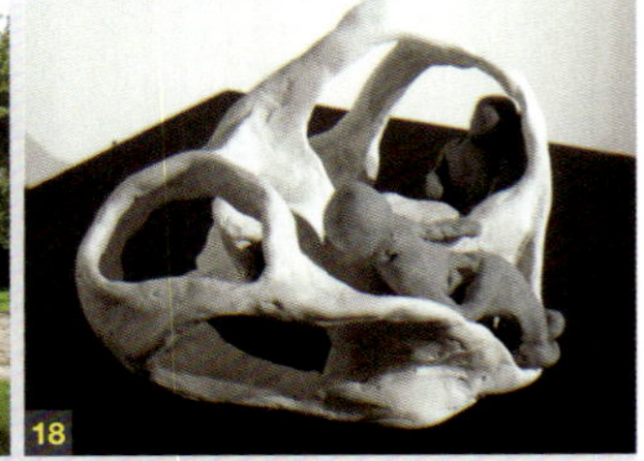

18

19

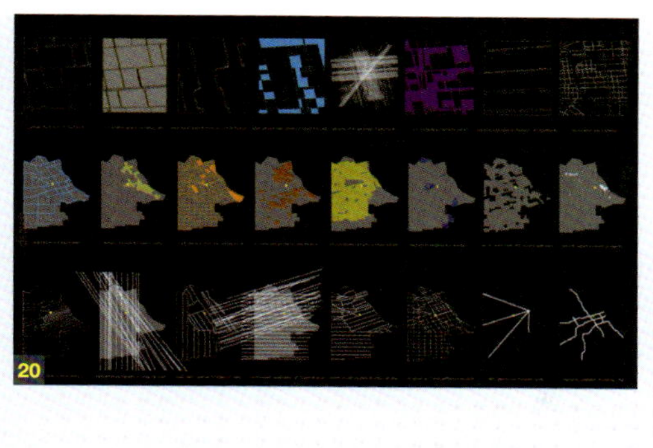
20

21

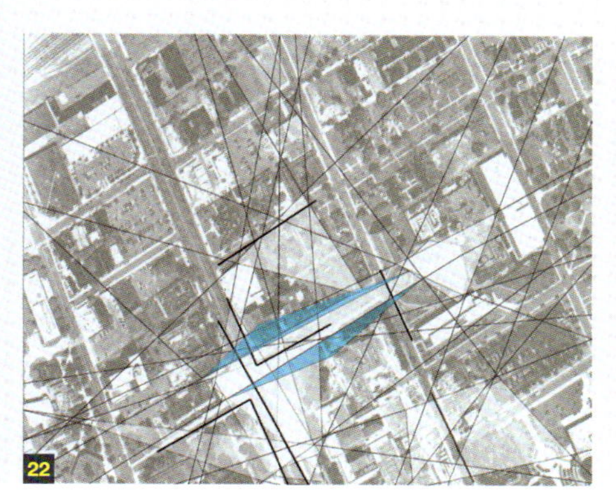
22

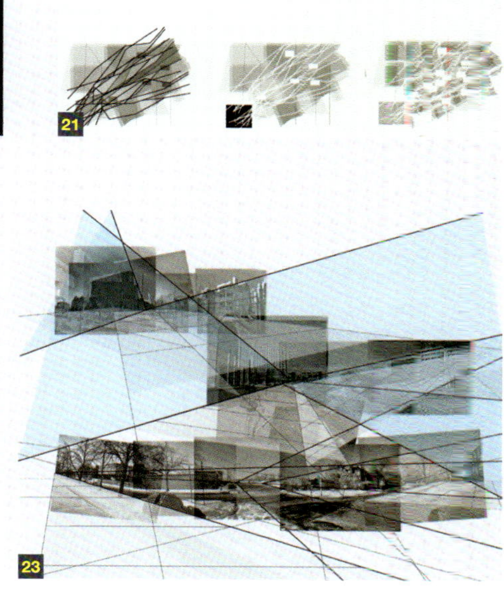
23

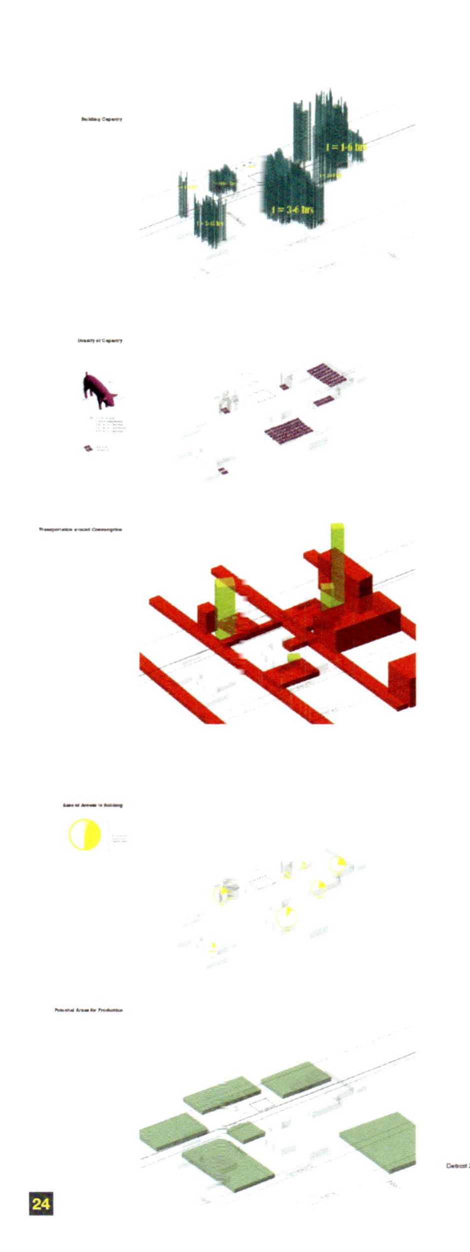

24

25

26

27

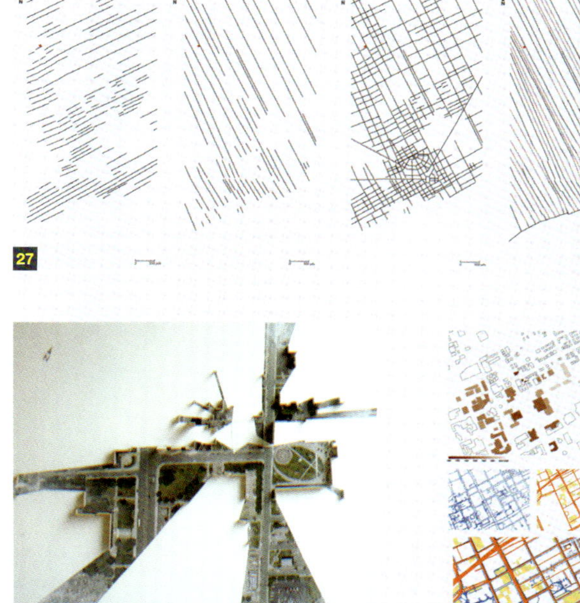
28

29

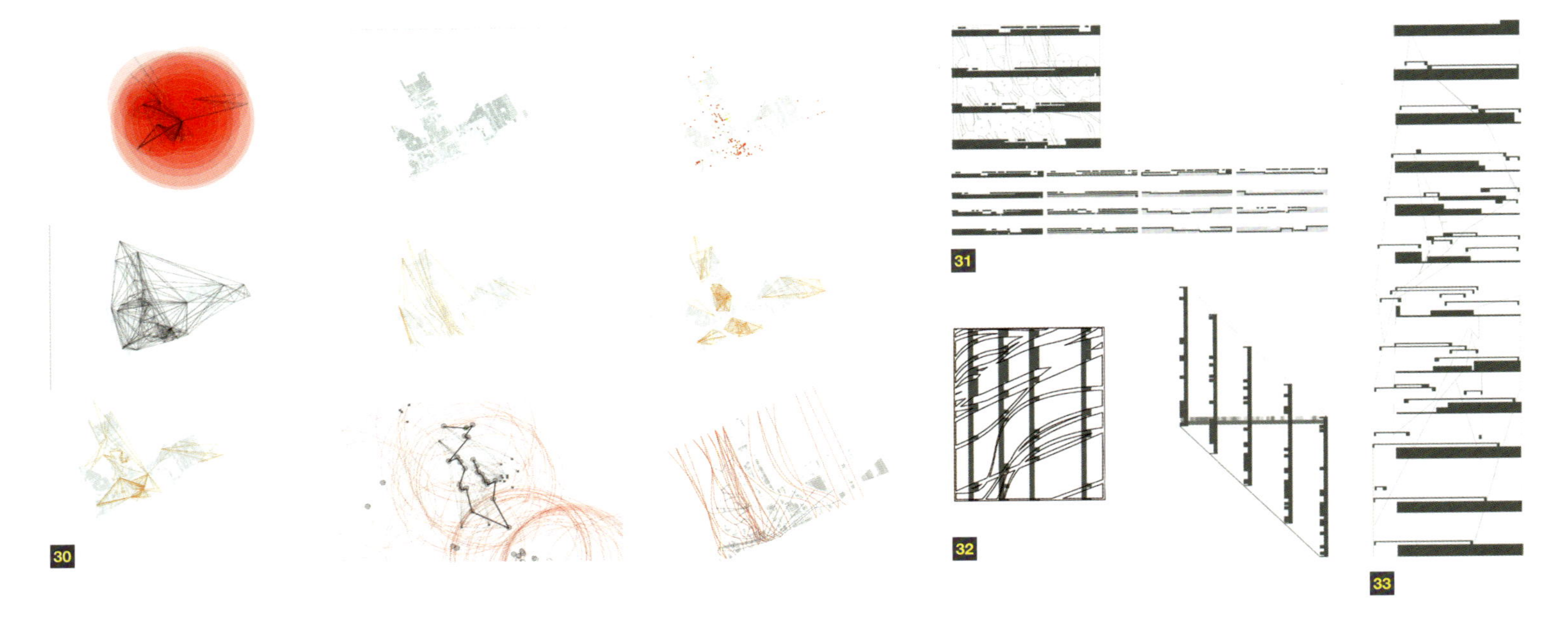

3 烹饪和营养学院（7周）

后半学期的工作是设计一幢建筑，用途是烹饪和营养学院。两种不同的学院需要差异很大的功能，比如教学厨房、大实验室、小实验室、教室、报告厅、办公室、餐厅及厨房等等。课题的目的是训练学生处理各种一个建筑内的不同功能，并要和城市有合理的关系。学生们必须提出对这些功能的定义、大小以及新的补充功能。通过城市分析，学生们发现场地内的很多不同问题，以及这个学院应该是开放给公众的，还是为了安全一个学校内的私有不公开的建筑，学生们有很多激烈的辩论，也有很多不同的策略。

大卫拿到了任务书之后，继续了城市分析。通过对底特律市内所有的饭店和所有的食品供应商和市场的规模大小、地理位置、服务范围，他试图通过这些关系找出对基地的影响，使学院能最大地有效地利用城市现有的资源（图30）。然后他将这种进行不同尺度的对比分析，最后深入基地分析，使得基地成为整个城市隐性机理的一部分（图31~35）。在对学院的不同功能用房的使用时间性、面积大小、高度高低、公共和私有空间等因素进行图解之后，梳理其中的关系，使形式和功能结合在一起（图36~41）。最后的设计很好地体现了整个过程，而非只是将建筑设计作为一个成果性的产品对待（图42）。

布里安娜延续了第二阶段的城市研究，从经济、人口密度和建筑形式出发，分析了不同尺度的感知。然后她将功能分解为3种不同的类型：公共、私有和交叉空间。然后将它们放在基地中进行不同可能的分析，以得到较为合理的一些对比结果（图43~46）。同时她对空间进行自下而上的感知研究，从视觉角度出发分析什么样的空间应该有什么样的效果，利用透明薄膜、广告报纸拼贴和镜面作图，先制

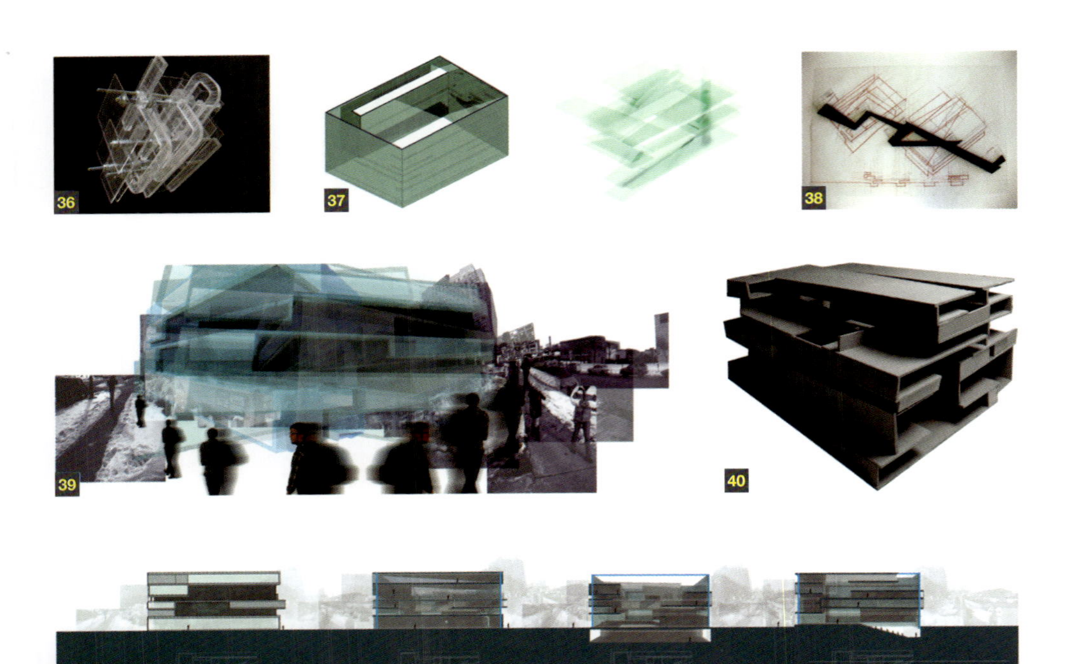

42

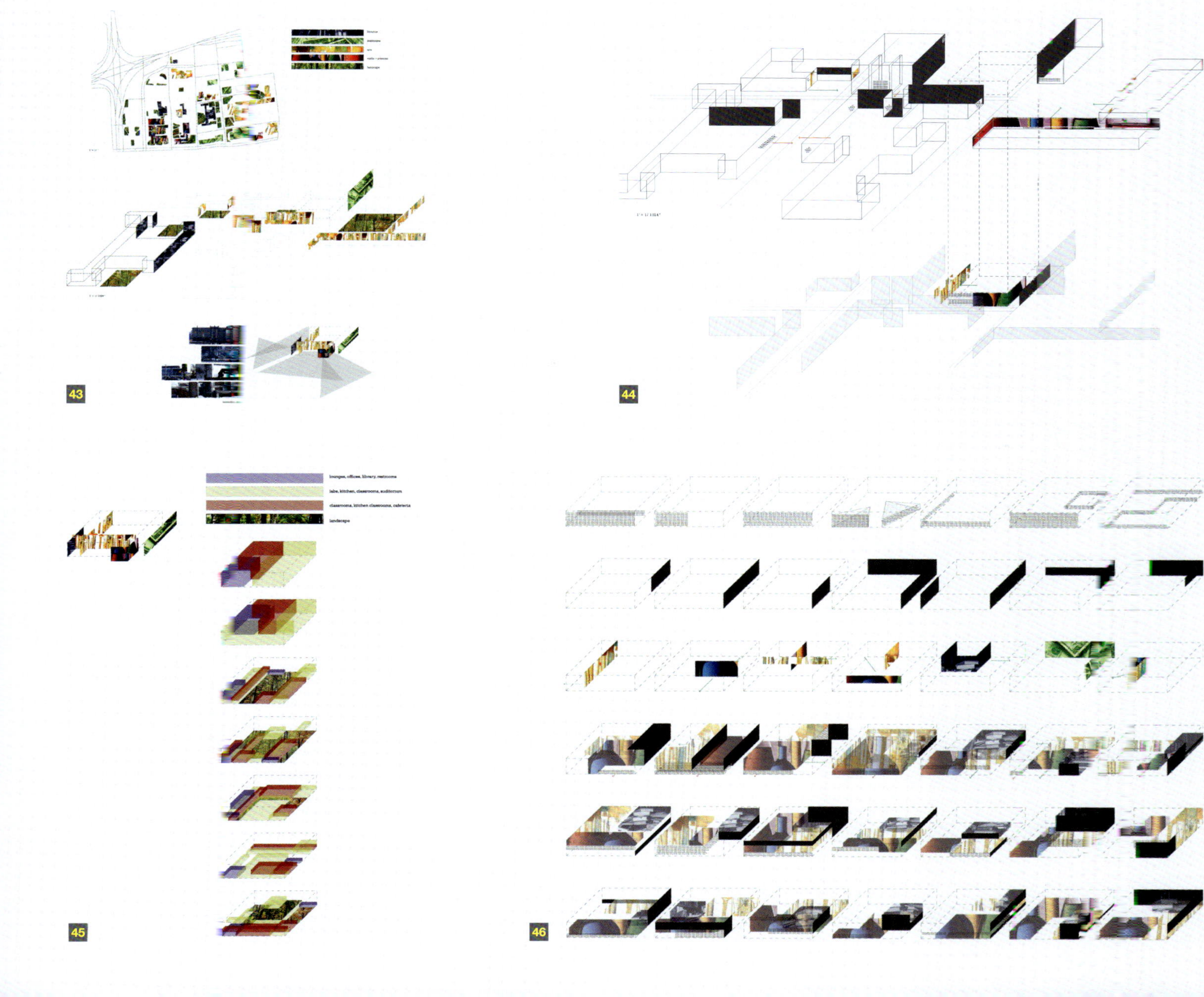
lounges, offices, library, restrooms
labs, kitchen, classrooms, auditorium
classrooms, kitchen classrooms, cafeteria
landscape

43 44 45 46

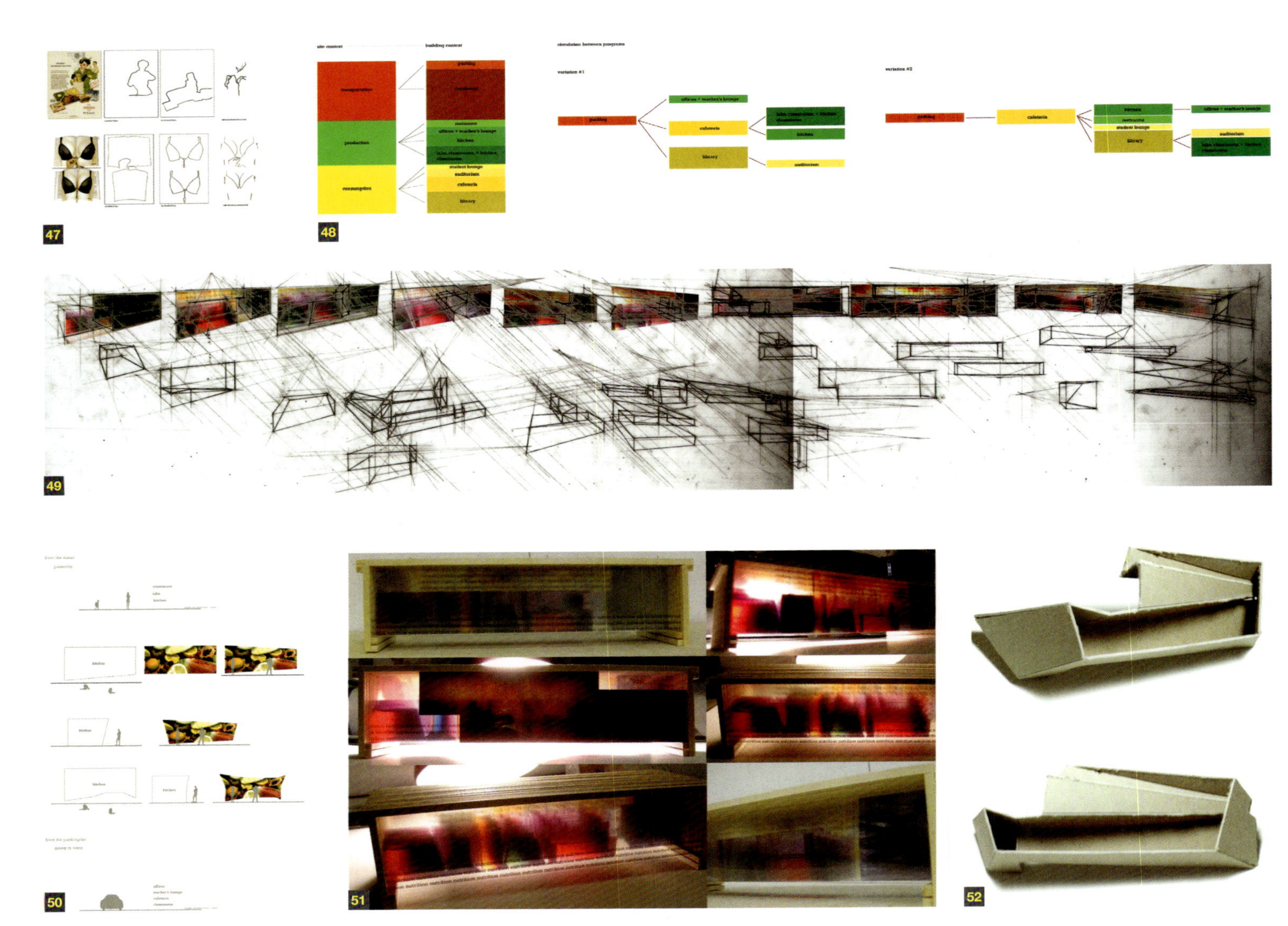

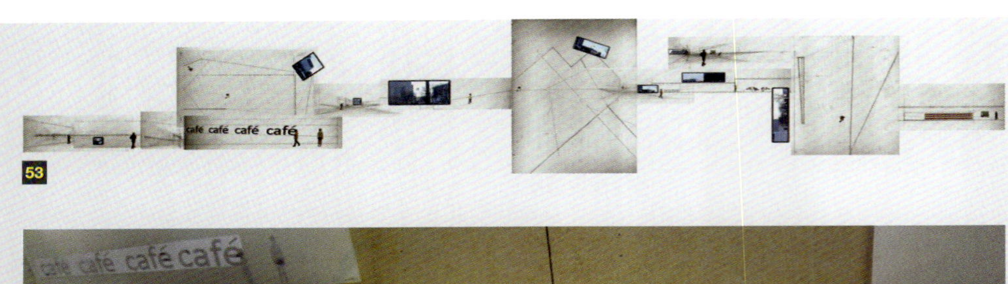

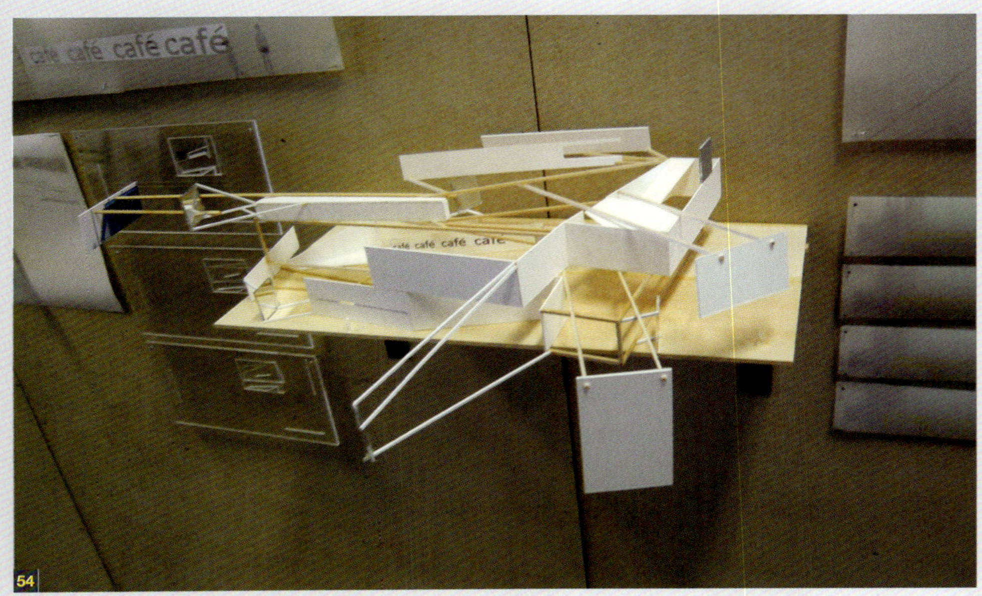

作透视图，再通过透视图反过来推出平面和剖面。她对材料材质节点进行了精心的设计（图47~52），最后做出了一张以两个不同角色（学生和老师）的视角6m长走过建筑的流动透视，还有一个被打散的模型，并配有小的镜面作为视点，设计定点感知（图53~54）。最后的评图争议很大，因为她没有最终的所谓平立剖，但是不可否认她在这个年级所达到的思维深度是大部分学生是无法企及的（图55~57）。

莉萨继续沿用了第一个作业的概念，将建筑分为交叉咬合的两个三维的U型形体，也就是学校和博物馆。这两个部分相互不重叠，但是共同形成的空间却是非常的丰富，创造了丰富的线性室内空间和流动的室外公共空间。她最后以连续展开的平面和剖面来表达建筑的流动空间。最后将第二个作业的视觉研究带入到设计中进行验证。整个设计和城市的机理十分契合，而且视觉的联系存在于不同的高度和角度（图58~67）。

每一个学生都有自己的出发点，最后的成果十分令人欣慰。

55

56

57

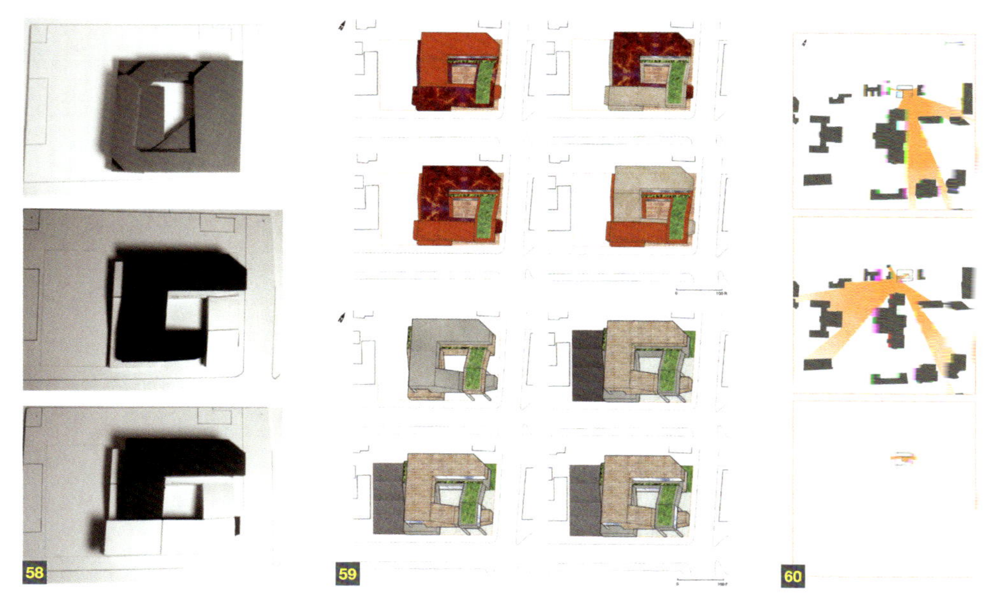
58 59 60

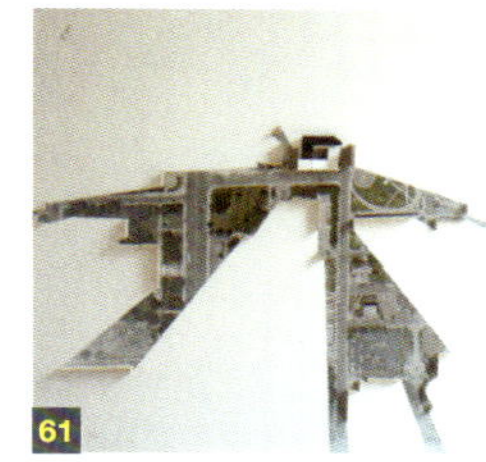
61

62

63

4 后记

建筑不是一个孤立的行业和学科，我非常倡导多学科的交叉。这个学期我的课题是研究食物的制作和建筑建造思维之间的联系和差异。由于我的个人关系和喜好，我最后请来评图的学者包括建筑师、建筑历史理论教授、音乐家、历史系前系主任、法国浪漫文学教授、德语系教授、拉丁和希腊语古典文学教授和艺术史学教授12 人，有 3 位从来没有进行过建筑评图，他们也为我们带来一场精彩的辩论，让所有的学生和老师收益颇多。评图并不是最后的评价，而应该引出更多讨论的可能，使得建筑系的学生能有更广阔的思维。虽然还有好几位学生非常出色，但这里只能紧随着三位学生的一个学期成长经历管中窥豹了。END

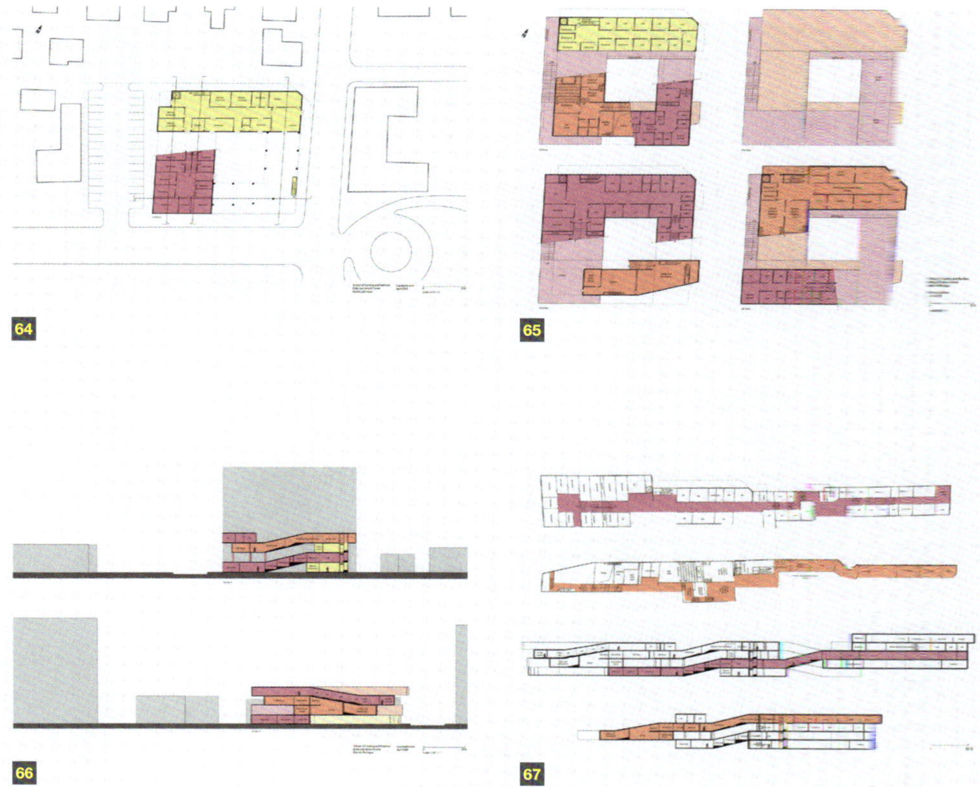
64 65 66 67

Alibaba.com

阿里巴巴杭州总部办公大楼

ALIBABA HANGZHOU HEADQUARTERS OFFICE BUILDING

撰　　文｜王粤璨
摄　　影｜潘杰

项目名称	阿里巴巴杭州滨江总部办公大楼
地　　点	杭州滨兴路
设　　计	内建筑设计事务所
面　　积	120000m²
竣工时间	2009年8月

阿里巴巴在杭州像个神话，这个世界著名的B2B电子商务品牌，运营着覆盖全球240个国家和地区的网上贸易市场，客户群600多万。有世界权威媒体将之评价为"最受欢迎的B2B网站"。所以当阿里巴巴B2B公司6000多名员工"乾坤大挪移"搬至公司位于滨江的新总部大楼时，就成了杭州城一件不小的事，也让人们对即将容纳下这个庞大创意群体的办公空间充满了好奇。

"拥抱变化，积极适应"——阿里巴巴文化中一直倡导的这八个字，投射于阿里巴巴滨江总部的办公空间中时，就是这里让人觉得熟悉又陌生的办公环境。对于阿里巴巴来说，此次的一大变化是集合。原本分散在不同写字楼中的公司群体集中进驻这个占地面积59000m² 的建筑综合体，与之相对应的也是功能需求上的整合。邮局、银行、餐厅、书店、健身中心、咖啡馆等新鲜生活化因子的加入，打破了单调的办公职能，以对办公空间多重身份的定义，最大限度地满足各种不同需求。而阿里巴巴的标识字样及标志性的橘黄色依然随处可见，熟知阿里巴巴文化的内建筑团队则继续紧扣快乐工作主题，更让办公空间氛围不改轻松愉悦本色。

今年是阿里巴巴成立的第十个年头，公司的成长轨迹在来客一踏入这幢办公楼的那一刻就有体会。一号楼一层为公司主入口，以总接待台为节点，在接待台左右两翼分别安排等候与会谈不同的功能区域。设计以时间为主线，在西侧空间中把休息等候区与阿里巴巴历史文化展示相交织。两块从地面上翻的多媒体板形成特殊空间和轴线，如缎带般起伏舞动，不仅为空间带来律动的活跃，也代表阿里巴巴从过去到现在的延续以及未来更长远的开拓。黑色地面上以银色细线勾勒出一道道斜向路径，路径上则嵌以阿里巴巴的英文与公司大事记年份的字母数字组合。地面年代标识导引与多媒体及实物和文字展览阐述，让阿里巴巴每一步发展的关键点立体起来。

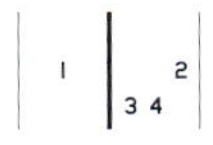

1　接待前台，以木片的层叠折出简约造型，自然亲切
2　由澳大利亚 HASSELL 公司设计的办公楼建筑
3　地面小径上以年代标记阿里巴巴成长轨迹
4　阿里巴巴的英文以丝网印刷呈现在各楼层

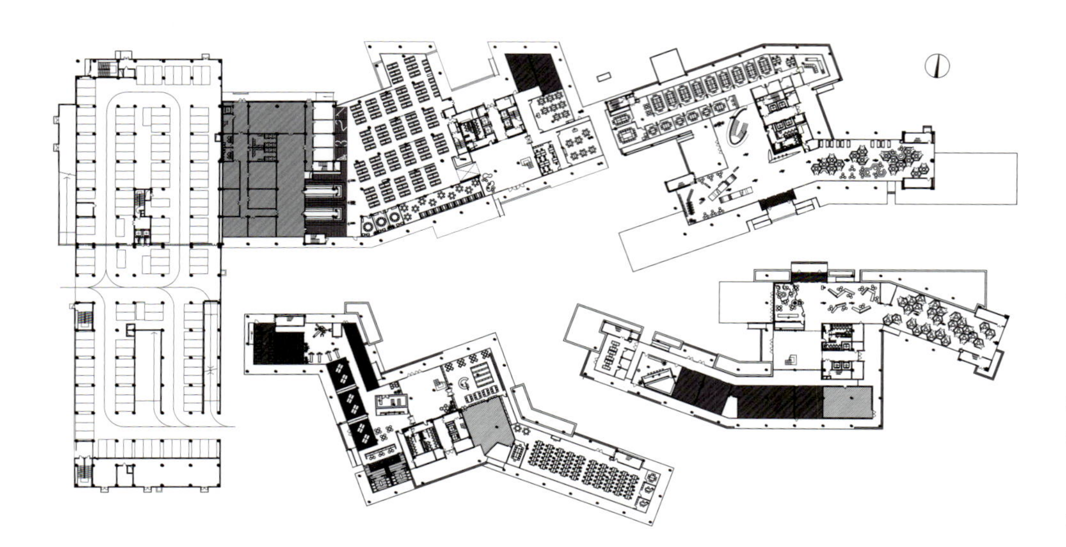

为达到以最少门禁进行最有效控制，保障内部交通顺畅的目的，设计在一层及二层公共区域内安排了大量的会客空间，尽量避免上层办公区域中不必要的外界干扰，维持高效的办公空间秩序，同时提高办公环境的安全性。由玻璃和打孔铝板围合出供2~3人使用的小型六角形蜂窝状的洽谈室，几个相连形成一组，在接待台右侧沿折线展开，空间在紧凑之余还有错落，因而不会产生相互干扰的尴尬。区域内地面年代标识也改为指向未来年份，喻示更多的机遇与挑战。

与阿里巴巴新楼硬朗的建筑外观形成对比的是室内空间中大量出现的各种圆形以及有着柔和

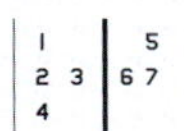

1-2 等候展示区，两块从地面上翻的多媒体板形成特殊空间和曲线
3 设计充分利用等候区，让访客在等候同时了解公司的发展
4 一层平面图
5-7 接待大厅通向二层的楼梯以白色张拉膜包裹，柔化空间线条，形成一道独特的风景

线条的家具。不论是半包覆咖啡馆空间的圆孔镂空木板，还是餐厅中用来区隔空间的木板隔断上大大小小的孔洞，抑或是由顶棚上圆形照明投在地面上造出的椭圆光圈，以及由白色张拉膜做出球体裹住的楼梯……设计都以弧度来消解拘束，与周边建立起亲切的联系，释放出压力，铺垫出柔软的松驰。

创造随意性交流空间的意图，从更大程度上体现了办公空间内对人性化追求的认可与鼓励。二楼以上的大办公区设计以最便捷的方式加强内部沟通与联系，扩大组群社交范围。引入城市主干道理念连接二楼以上各办公区，沿着地面橘黄色的城市大道可以快速便捷地进入不同的工作区域，降低陌生感造成的方向迷失。办公区内采用大开间格局，不设隔断。每层中庭布置了公共休息区，员工可以在此转换心境，调整工作节奏，鼓励非正式交流。四～五层中庭还以滑梯串连上下层空间，用保有童真的趣味设计激发创意动能产生。整个办公区间强调的是办公群的社区化属性，传达出阿里巴巴开放、自由、互通的办公特性。

设计延用以往的低技策略，坚持低成本，大创意的设计路线。用廉价材料做创意设计，以快乐色彩补充材质缺点。自流平地面、丝网印刷、健身中心的集装箱货柜等都是由简单材料带来的丰富性给予空间以盛装的效果。END

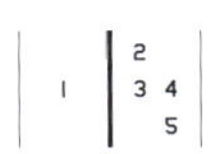

1 一层小洽谈室，由玻璃和打孔铝板围合，成组分布于接待台右侧区域

2 高背座椅围合出较私密的空间

3-4 员工餐厅，隔板上趣味的圆形图案贯穿空间，让就餐气氛更加轻松

5 二层平面图

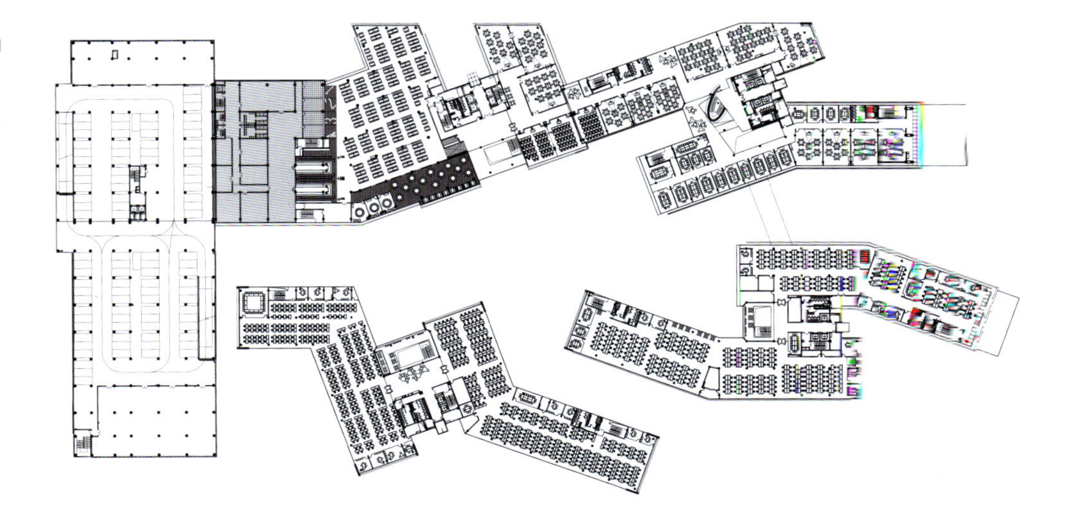

Book

1	2
	3
4 5	

1 枫林晚书店进驻阿里巴巴，为员工提供书籍及文化服务

2 阿里巴巴枫林晚书店，不规则分割的书架

3 健身中心，以集装箱货柜改装成吧台，带来戏剧化效果

4-5 培训区楼层走道，色彩搭配充满活力

迪拜Montgomerie高尔夫酒店
THE MONTGOMERIE, DUBAI

撰　文　丁方
资料提供　Emaar Hospitality集团

地　点　The Montgomerie, Dubai
P.O. Box 36700
Dubai, United Arab Emirates
开业年代　2006年1月
建筑设计　Atkins事务所
室内设计　LW Design
球场设计　Colin Montgomerie
球场管理　Troon高尔夫管理公司承办管理的18洞球场，标准杆72杆
客房套间　21

坐落在阿联酋山住宅区内的蒙哥马利球场采用高低起伏的"林克斯"设计风格。其中第 13 大的果岭，造型犹如阿联酋地图。度假村位列其中，外观为简洁阿拉伯改良式样，端庄典雅。它是一处沙漠城市少有的静逸绿洲，处处彰显着极简主义的奢华理论。

印第安部落特有的红黑色显示着俱乐部的大胆用色并统领着全局。大堂采用纯黑背景墙，各种阿拉伯形制的器皿，矮柜的环扣装饰，则有些非洲感觉。凡此种种透出主人非一般的收藏偏好。圆拱形的大幅窗户使户外高尔夫球景色一览无余。一盏模仿高尔夫球形状的吊灯徐徐坠下，与四周金属压边对比，显出几何装饰特色。独特的暗红色地毯，落落大方地压稳了空间，几条直线装饰与顶部金属压边呼应。没有一丝繁复，它利用细节提醒你正身处阿拉伯式度假村。

每个不同类型的房间都很宽敞，都是能看得到风景的房间。大床靠背很有设计感，黑色木质被镂空了，符合阿拉伯民族对细节美的追求。与之相呼应的是浴缸的窗户，亦被打扮成类似床靠背的黑色镂空，日光投射进来，节省了光能源。仔细的人不难发现，哪怕是普通方形的灯具，床单被褥、沙发、靠垫等细节，也被嵌入了或灰黑或印第安红的色彩。利用颜色区分功能和丰富空间，此外没有更多非功能的装饰。

会议室不大却独有风格。与黑色长条会议桌相呼应的是顶部同样尺寸的黑色细长条木。顶部采用简洁的圆形吊灯打破死板布局，背景墙则为米色大理石。为了呼应其他空间用色，这个空间仅有的红色是人手一份的红色会议记录笔。

为了突出休闲运动这一主题，度假村拥有厨房开放式餐厅、雪茄室、酒吧、俯瞰 18 洞果岭的池畔咖啡厅以及 SPA、蒸汽及桑拿室、网球场、钓鱼、游戏室、 温泉、健康中心、按摩、儿童游乐场、飞镖、土耳其式按摩浴池、壁球、室外游泳池等完备设施。泳池和蒸汽房配有巨大的衣帽间，游泳池位于 18 层，有着最先进的游泳技术分析影像系统。Angsana SPA 提供 6 间治疗室，名字来自一种引进树木，枝叶繁茂的高大的开满小花朵的热带植物。室内绸毯和壁画等的运用，更有些禅的味道。它教会了每一位客人尊重生命的本源，珍惜并热爱生活的每个瞬间。

高雅而强势的风格被鲜明地印在它的餐厅和休息室。无论什么区域，顶部都采用细长深色木条结构装饰。因为空间有限，吧台采用了 360° 全视角，方便照顾到每一位客人。依旧是深深浅浅的红黑色，被隐藏在圆形桌子、窗帘、地毯、甚至插花中。同样的，如果你不知道这是哪里的酒吧，将在地毯的阿拉伯独有星形纹饰中找到答案。END

1 夜幕中的酒店外观

2 二层休息处

3-4 前台和大堂，红黑两色统领着全局

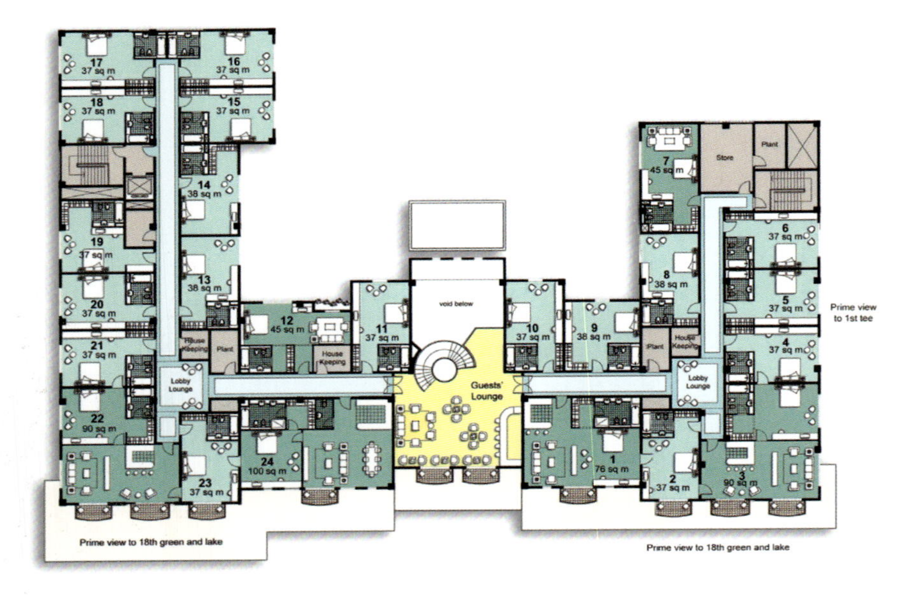
17
37 sq m
16
37 sq m
18
37 sq m
15
37 sq m
14
38 sq m
19
37 sq m
13
38 sq m
7
45 sq m
Store
Plant
6
37 sq m
8
38 sq m
5
37 sq m
4
37 sq m
void below
12
45 sq m
11
37 sq m
10
37 sq m
9
38 sq m
20
37 sq m
21
37 sq m
House Keeping
Plant
Lobby Lounge
Guests' Lounge
22
90 sq m
23
37 sq m
24
100 sq m
1
76 sq m
2
37 sq m
3
90 sq m
Prime view to 1st tee
Prime view to 18th green and lake
Prime view to 18th green and lake

二层平面

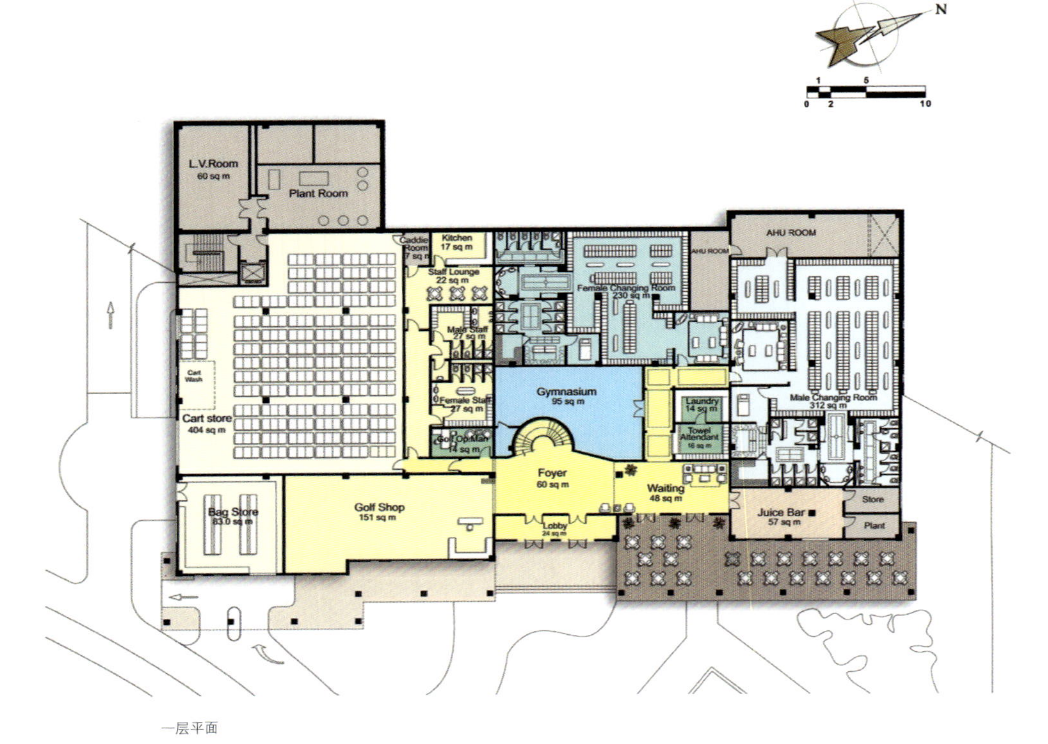
N
1
5
0
2
10
L.V.Room
60 sq m
Plant Room
Caddie Room
Kitchen
17 sq m
Staff Lounge
22 sq m
AHU ROOM
AHU ROOM
Female Changing Room
230 sq m
Male Staff
Cart Wash
Cart store
404 sq m
Female Staff
27 sq m
Gymnasium
95 sq m
Laundry
14 sq m
Towel Attendant
16 sq m
Male Changing Room
312 sq m
Foyer
60 sq m
Waiting
48 sq m
Store
Juice Bar
57 sq m
Plant
Bag Store
83.0 sq m
Golf Shop
151 sq m
Lobby
24 sq m

一层平面

1		3	
2			
4	5		6

1-2 各层平面图
3-4 餐厅，依然是红色和黑色的和谐
5 露天餐座
6 餐厅一角

1 | 45
2 |
3 | 6

1　会议室采用黑色长条木桌，桌上的红笔是点睛之处，呼应了其他空间中的红色

2　SPA 空间的入口

3　SPA 空间

4–6　客房拥有独特的视野，黑色镂空木栏设计独有风味

迪拜码头游艇会
DUBAI MARINA YACHT CLUB

撰　　文 | 丁方
资料提供 | Emaar Hospitality集团

地　　点 | Dubai Marina Yacht Club
Street H, District 4
Post Office Box 214019
Dubai, United Arab Emirates
开　　业 | 2008年11月
设　　计 | Holfords (Hirsch Bedner Associates Design Consultants)
管　　理 | Emaar Hospitality Group

身处沙漠中，感受创意迪拜，相信“水”是必然的联想。

完全委托美国建造的迪拜码头游艇会，位于长达3.5m的人工运河水道上，外形像个宏伟的的游艇，可俯瞰波斯湾。4个散步小径能容纳600艘长度6~36m的快艇。它解决了富豪们无法把心爱游艇停泊在家门口的烦恼，打造了船主一站式精细生活的梦想，集零售商场、游艇销售办事处、航海时尚商店、餐饮等为一体，也为婚礼、年会等提供理想场所。

大堂被原木、石材、玻璃、钢、铝等材质组合分割，超宽距的落地玻璃呈现了一个清水的新迪拜。大尺寸的船形木质休闲区域可容纳多位客人小憩，木头茶几、金属雕塑摆设，以及游艇主题装饰画均体现了鲜明游艇特色。活泼圆圈主题的蓝色地毯，在木色主调中显得分外淡雅清新。

人类正因有了宽敞空间才拥有愉悦心情。地下层隐藏了太多的功能区域。依螺旋形木质楼梯和玻璃扶手而下的是钢铁和原生态竹子的混搭，不规则空间在此被处理得恰到好处；咖啡馆名字很特别，叫25°55′。清一色原木色基调的藏书馆亦非常突出海洋风格，布局低调而规则。昏黄里彷佛指明了中东海域的沙漠特色。帆船、世界地图，包括书架上那些书籍，想必是商业新贵们为了征服地球所拜读古往今来的精神之父吧。

内斜角半弧度的狭长空间是一间名为"Aquara"的餐厅，位于地下一层，餐厅平面呈弧线形，有着开阔的临海视野，并可由此方便出海。它有着非常朴素挺括的棕色木质外表，以柔情白色蝴蝶兰点缀。espresso吧则更活泼，深深浅浅的橙色渐变为棕色，让人联想到一丝沙漠的野性。顶部被切割成仿电扇形，与之呼应的是圆形棕色大理石地面和环形写意风格地毯。原本并不算大的空间被半透明玻璃分割得更加丰富，满足了更多客人更隐密空间的需求。

来到Pearl吧，冰蓝色半弧形玻璃入口，陈列着数不尽的酒瓶，之后是少许木质竖条隔断，彷佛省略号，隐藏了更多品种的酒，吸引你的进入。而顶部一盏白色复古吊灯更衬托出慵懒华贵气氛。入内，更是酒元素的天堂。空间被划分为多个错开的方块，立面上则用酒瓶布局着空间；镜子旁的太阳光芒图案，让人遥想太阳王年代的贵族生活；褐绿地毯中斑驳白点以及台子上的枝丫、银质烛台，丰富了原本简洁硬朗的单纯大理石和玻璃材质为主的空间。至此，由刚入室的简洁到最终的混搭奢华，诠释了作为一个现代设计者的中东情结。END

Espresso
Espresso
Espresso
Espresso
Espresso

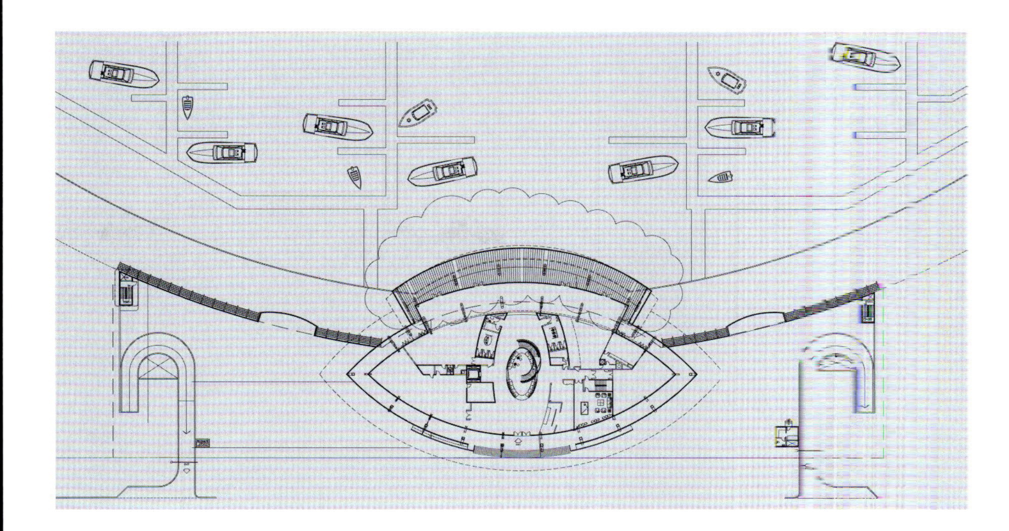

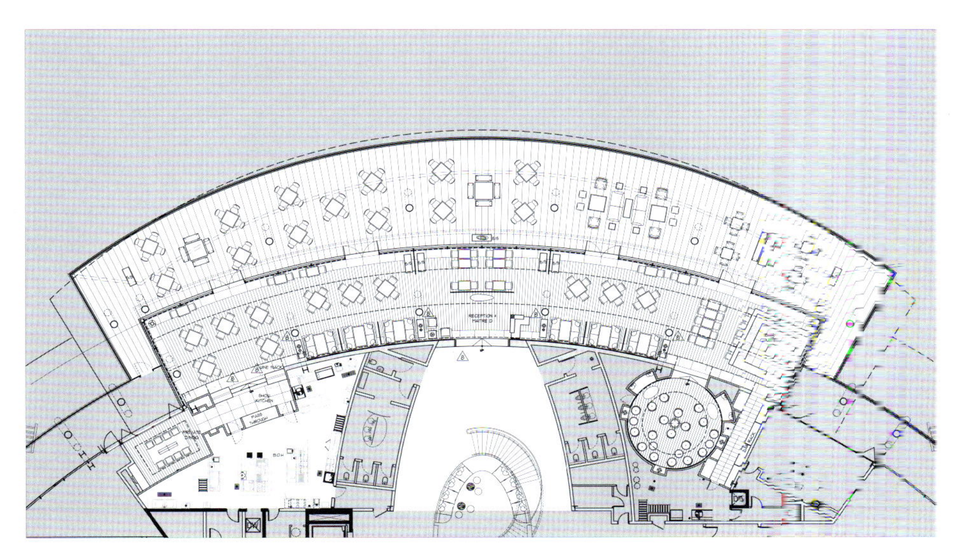

1 espresso 吧活泼、温暖

2–3 Aquara 餐厅有着开阔的临海视野，现代的设计

4 总平面图

5 餐厅平面图

| 1 2 | 4 5 3 |

1 通往 Pearl 吧的冰蓝色弧形走道

2-3 Pearl 吧，简洁与奢华的混搭

4-5 简洁的客房设计

动物主题酒店
LINDNER PARK-HOTEL HAGENBECK

撰　　文 | 丁方
资料提供 | Lindner Park-Hotel Hagenbeck

项目名称	WORLDHOTELS旗下酒店Lindner Park-Hotel Hagenbeck
地　　点	德国汉堡Hagenbeck街150号
房间数量	158
星　　级	4星级
开业年代	2004年4月
室内设计	JOI-Design GmbH Interior Architects

深深浅浅的绿色里，隐藏着一幢黄色的房子，不同坡度的木质尖顶，以及原木色的廊柱、窗沿等，有点不似欧陆风格。然而，它确实是身处汉堡，毗邻动物园的 Lindner Park-Hotel Hagenbeck 酒店。远途旅行者看重的是酒店靠近高速公路的优越位置。

超宽距的仿古前台，光泽而结实的皮质沙发，白色复古廊柱，宽条原木色的朴素地板，最古老式样的吊扇，中世纪感觉的透明玻璃吊灯都让您爱不释手。当然，时不时的一大丛灌木参差出现也增加了动物迷们的身临其境感。而在 Augila 餐厅用餐是再惬意不过的事情了。餐厅家具和软装的颜色很重，主色调是那种酒红至深紫色，很容易唤起人的味蕾。一只犀牛和另一只在说话，狮子狩猎等场景的图画被镶嵌在木质画框内，更有数个动物造型的雕塑依次摆放在熊熊燃烧的壁炉之上：犀牛、牦牛、大象……它们总是排着整齐的队伍。经典欧式壁灯旁，还竖着动物图案的繁杂雕塑。这让人想到中国古典木雕。就连花盆和其他装饰物的盖子上，亦有青蛙等动物造型被镶嵌在把手等部位，当你拿捏之时，它们时不时的"吓唬"你，或者"装可爱"。

下榻动物主题酒店，各个年龄段的宾客都可超近距离体验各种野生动物和遥远大陆的异国风情。逍遥于 19 世纪殖拓时代，入住非洲或亚洲主题客房。每一间客房的舒适设施都体现了这家一流酒店的高水准。客房也有着和大堂、餐厅等完全一致色彩、质感的结实沙发，让舟车疲惫的你看了很贴心。在非洲主题客房里，一些原始图腾的木雕装饰着屋子，而各种狮子老虎等动物剪影图画的织物成了帷幔。原始狩猎的工具被陈列在房间另一边的墙壁上，让人联想起先人们如何和野生动物征战杀戮以至今日开办动物园关注动物保护的场景和过程。原始、性感的红黑色充斥着整个室内。洗手间里，镜子被裁剪成不规则砖的形状，两只狮头形状是挂毛巾的架子，洗脸台则是树根造型。而亚洲主题的房间则风格细腻许多。立柱上雕刻的是简洁版本的工笔鸟兽图案，墙壁上画着皮影，窗帘等则用了同一色系的菊花等细小花瓣纹饰。洗手间的移门与之呼应，也是细腻的工笔花鸟图案。非洲对比亚洲，粗犷对于细腻，竟有如此不同。

细心的酒店还满足客人的一些特殊要求：拥有适合残疾人住宿的专门客房，允许携带宠物还为糖尿病患者和素食者提供特别菜肴。另外，桑拿区彩色木屋、北极光及晶莹之冰点缀其中，莫不激动人心。END

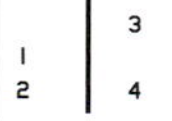

1　毗邻动物园的酒店掩映在绿色之中
2　餐厅一角，绿色植物为空间增添了生机
3　古老的吊扇、木雕，质朴的地板使餐厅充满了怀旧的气氛
4　大堂咖啡吧沉稳而典雅

| 1 | 3 |
| 2 | |

1 夸张而幽默的洗手间设计
2 亚洲主题客房，工笔鸟兽图案反复出现在立柱和横梁上，皮影装饰着墙面
3 非洲主题客房，原始的狩猎工具和图腾木雕装饰着空间

独到视角：Club Designer大安旗舰店

CLUB DESIGNER

撰　文 | 王粤璨
资料提供 | LWMA李玮珉建筑师事务所

地　点	台北市大安路一段133号1楼
设　计	李玮珉
空间性质	服装、配饰展示空间
面　积	220m^2（约72坪）
主要材料	墨镜、镜面不锈钢、盘多摩地板、皮革、灯泡、透光深紫马赛克、玻璃
竣工时间	2007年10月~11月

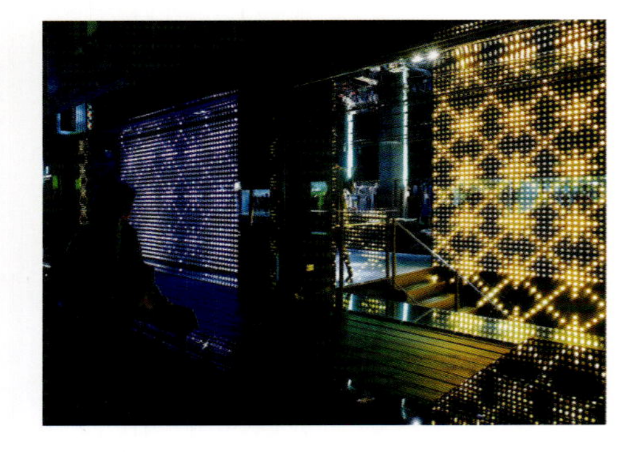

介于台北市忠孝东路和仁爱路之间的大安路，是一条设计师商店林立的“时尚大道”，位于大安路一段133号一楼的Club Designer对于许多时尚玩家来说，则是个寻宝与尝鲜的好地方。这家拥有超过25年历史的复合式精品Boutique，从店装到货色都坚持以店主的个性品位和潮流眼光对抗大品牌以强势之姿日益收编的时尚品位。

虽然店铺拥有宽大的沿街门脸，但设计却一反常态地放弃采用橱窗展示吸引顾客入内的形式，刻意以一堵墙面遮挡视线，拉开与城市的距离，以保证顾客可以安心地在店消费试衣，不受外界行人或街景车流的纷扰。虽然墙面为遮挡视线之用，但作为对外的门脸墙面，设计师也不可能等闲视之，更多从品牌形象出发考虑，加以利用。

没有橱窗展示，并不代表就缺省了吸引行人注意的机关。Club Designer以一整片由灯泡组成的墙体为自己的外立面加分。定制的有着珍珠玻璃外壳的灯泡闪着莹莹的光芒，在黑色背景墙面的衬托下，宛如黑夜中灿烂的繁星。通过设计，以灯光的明灭显现图案，在呈现出每一季Club Designer意图散发的时尚讯息的同时也借由变化的外立面增添店面吸引人的新鲜感。

与外立面灯泡墙面呼应的是室内的灯泡墙，同样是目光的焦点，在此它转化成为楼梯的背景，贯穿一层与地下一层的楼梯空间。店内设计仍是近年流行的黑潮主题。一层顶棚和四壁的黑色镜面延展着空间张力，形成一个融合的空间，低调地成为时尚商品的最佳背景。

与一楼的大气沉稳风格略有不同，地下一层由于经营品牌更趋年轻化，空间布局也相应活泼。斜拉的顶棚格栅、呈一定角度摆放的展示柜、明艳的红色更衣室入口以及自顶棚直射而下的极细彩色激光光束，都带着些年轻的不羁精神打破地下空间方正的平面约束，成为空间中突破性的新生力量。

设计师还继续在地下一层大玩镜面游戏。一块块具有黑色框架的透明玻璃窗错落悬挂于空中，形成一幅幅时尚框景画。透过这些取景框，空间被截取成一个个角度不同的片断，叠加于大场景之上，成为有趣的比照，也串联出一条步步有惊喜的行进路线。END

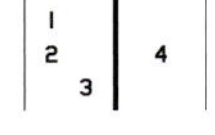

1-2 店铺门脸以一整片灯光闪耀的墙体为外立面加分
3-4 通向地下的楼梯部分也以一片灯光墙面与门面呼应

Bernini
GROUP

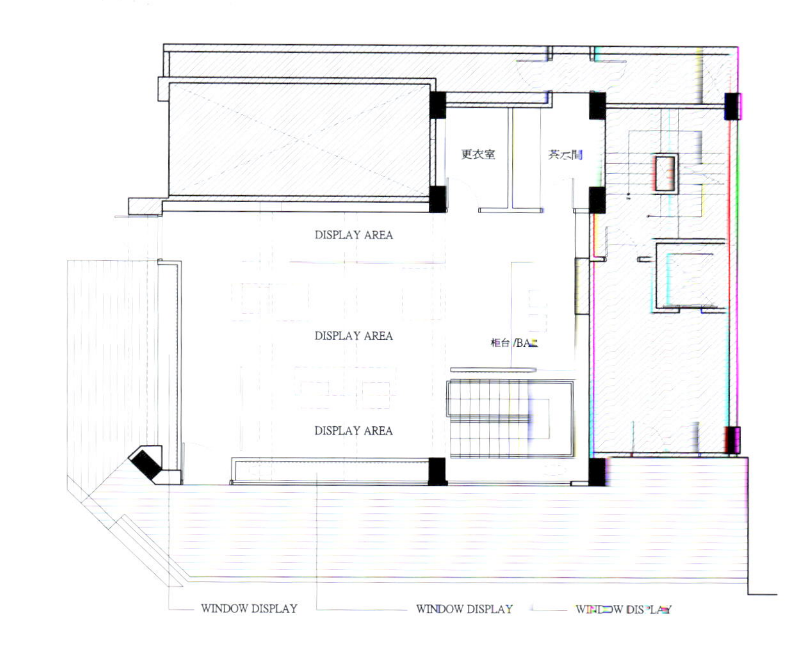

1 以年轻化品牌为主的地下层空间

2 一层平面图

3-4 通向地下层的楼梯 灯笼墙在此转化成为楼梯的背景

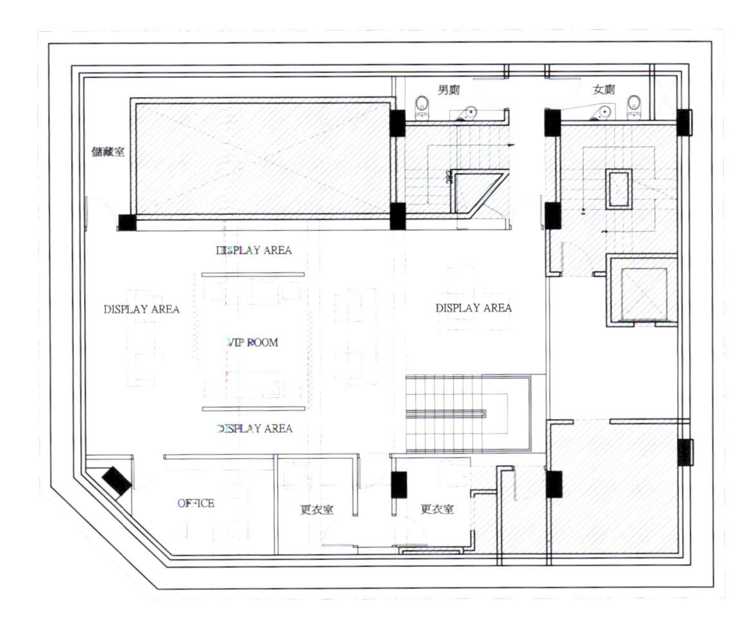

1-4　地下一层大玩镜面游戏，形成一幅幅时尚框景画

5　地下一层平面图

简迷离：Club 1981信义诚品店

CLUB 1981

撰　　文 | 王粤璪
资料提供 | LWMA李玮珉建筑师事务所

地　　点	台北市松高路11号1楼
设　　计	李玮珉
空间性质	服装、配饰展示空间
面　　积	$54m^2$（约18坪）
主要材料	镜面不锈钢、复古衣纹图腾黑白马赛克、透光紫色马赛克、墨镜、LED灯
竣工时间	2007年8月

信义诚品是个绝不缺乏个性的时尚聚集地，这里的各家店铺自商品本身到空间陈设都一再凸显着“新”、“设计”、“生活趣味”等概念，坐落于此的Club 1981当然不会例外。Club 1981是一家以年轻为其特色精神的服装概念店，介绍从世界各地搜罗来的时尚名牌，除了女装外，也有男装、配件等全方位的时尚装扮。

店面虽然不大，也没有夸张的炫耀，却以一种简洁的力量构建起一片精致的时尚天地。宽6m，进深12m，层高超过4.3m的空间结构对店堂设计来说是个不小的挑战。在细、高、长的空间中上演一台时尚品位戏的难度在于面积和高度可能为空间造成空泛感带来的双重压力，既要解决面积小与商品展示的矛盾问题，也不能无视4.3m层高的店铺上方的一片空虚。

讲究质感的室内设计师李玮珉先生与具有独到眼光的Club 1981创意总监陈怡小姐对黑色的钟爱不谋而合，这也成为空间选择黑色主调的充分理由之一。但是，这里却不只有一味的黑。设计师选择以BISAZZA黑白玻璃马赛克在室内拼贴，完成了一次黑色空间的时尚化转换。马赛克图案由建筑师Carlo Dal Bianco设计，复制自著名的“维也纳椅”的编织座垫。黑白玻璃马赛克从地面漫延到墙面，大面积接续的圆孔网格纹包裹住空间，加之黑白两色形成的明暗对比，给人以过目难忘的视觉冲击，留下精致、内敛的深刻印象。而玻璃瓷釉质地表面略带的闪光效果，则恰到好处地昭示出掩不住的年青气息。

对于小面积高开间的难题，设计以墨镜化解。用贴在空间尽头墙面及顶棚上的黑色镜面完成空间又一次漂亮的时尚转换。通过镜面的反射，在视觉上拓展空间的高度和深度，同时利用虚相填充空间，丰富空间层次。不论是顶棚里倒映的地面纹理、展示台或是尽头墙面里又一间看不到头的店面，影像上的错觉充斥着空间，引发出无限的想像，它们与店中陈列着的精选潮衣相映成趣，营造出迷离的时尚诱惑。END

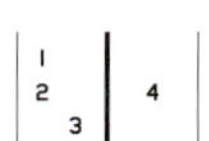

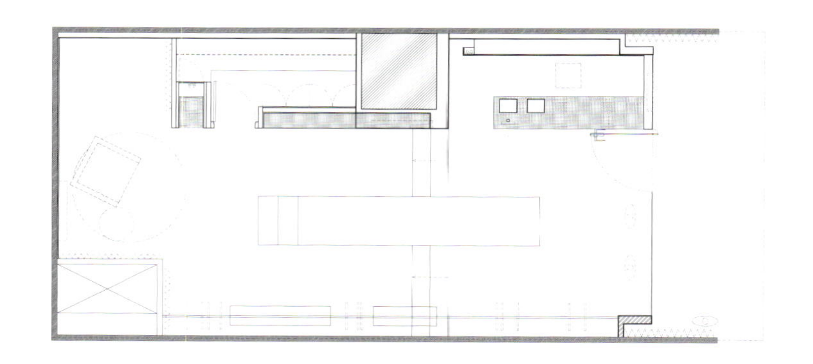

1　店铺入口处
2　阶梯状展示中岛以高低起伏增加空间趣味
3　平面图
4　黑白玻璃马赛克从地面漫延到墙面，给人留下精致、内敛的店面印象

CLUB 1981

| 1 | 2 |
| 3 | 4 |

1-2 设计以墨镜化解细长高深的空间难题，通过镜面的反射，以虚相丰富空间层次

3-4 以小马赛克拼贴出收银台，与地面墙面呼应

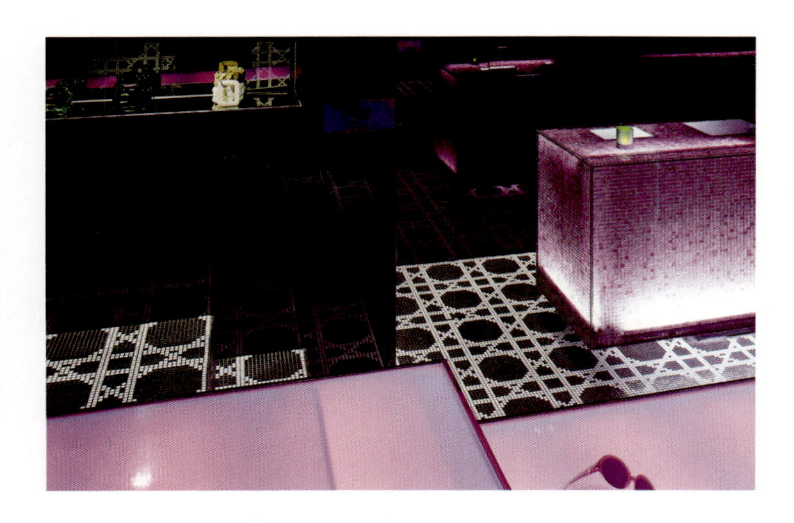

投奔波罗的海
GO TO THE BALTIC SEA

撰　文 | 朱诺等
摄　影 | Suki等

一片又一片霞光
在波罗的海湾消失，我希望
逝去的晚霞有一朵不被遗忘
瘦小的一朵，适合在梦境里穿过狭窄的甬道

“文化首都”已经在欧洲盛行多年。从1999年开始，每一年欧盟都在成员国中选出一到两座城市作为文化首都。在一年时间内，该城市举办各种文化活动，展示文化特色，吸引全欧洲乃至全世界的目光。事实证明，这一方法对欧洲文化的保护起到了巨大推进作用。

2011年的欧洲文化首都是芬兰的图尔库和爱沙尼亚的塔林，这两座位于波罗的海两岸的姐妹花自今年开始就已陆续展开庆典活动，但这两个不同的国家却予以我截然不同的体验。

7月，爱沙尼亚歌舞节和图尔库摇滚音乐节相继在塔林和图尔库拉开帷幕，前者是爱沙尼亚最古老的音乐节，全城乃至全国的百姓都穿上了民族的服装，塔林老城也四处洋溢着欢乐的气氛，飘扬着爱沙尼亚的传统歌曲；而图尔库摇滚音乐节则是芬兰最古老的摇滚音乐节，也是欧洲元老级别的摇滚节，在远离图尔库的小岛上，年轻的不年轻的人们都云集在此狂欢。

此次，顺着欧洲文化首都的线索，我们设计了一次波罗的海旁的设计文化之旅，以芬兰首都赫尔辛基为原点，设计了围绕着芬兰赫尔辛基、爱沙尼亚塔林、芬兰图尔库和芬兰罗凡涅米这四座城市的设计话题，希望这四座城市的内容能予以读者来自波罗的海的清爽气息，北欧纯净的设计灵感。

赫尔辛基

又是7月，北方的风吹起了鬓角的纤发，这次让一颗年轻的心随美景跃动的是那波罗的海的女儿曼妙的节奏和清新的色彩。仲夏时节，当人们纷纷奔向南方热烈的海滩时，我来到了赫尔辛基这座北欧日都。阳光清风间，我感受到的是一个拥抱着大海的北方城市。

在欧洲，许多城市都有双层游览巴士，此类游览方式最大的好处就可以令初次前往该城市的游客在最短的时间内了解这座城市的精华所在，如城市政治、经济与文化等背景以及城市亮点等。对中国人来说，赫尔辛基的公交车环线游显得尤为亲切，因为它提供了多种不同语言服务，包括中文，这样，在母语环境下听着解说会放松许多，也更能融入其中。而在西贝柳斯纪念碑和岩石教堂两座著名景点的短暂停留也满足了我的摄影需求。

结束了城市的大致了解后，爱好设计类小店的我便迫不及待地钻进了设计街区中扫起货来。位于赫尔辛基市中心，得到了政府的大力支持，普通游客都可在多处免费取得设计地图，寻着"赫尔辛基设计街区"的标志在市中心的大街小巷里探访芬兰设计。不过，隶属于设计街区的景点包罗万象，有家居品牌店、博物馆、酒店、餐厅、珠宝店、手工艺商品店等。其中，最受游客欢迎的就是那些商店了，这里所指的品牌店并不是那些全球统一标准的一线大牌，而是指具有芬兰特色的知名品牌、新锐品牌甚至是独立设计师或艺术家小店。芬兰人擅长的是悉心打扮家具、床单、小摆设等，将美、情绪和心思都放在踏踏实实的生活里。

最后，笔者善意提醒各位在奔波于赫尔辛基大街小巷之际，带上水壶或空瓶。芬兰水之纯净和甜美，无论在质量和干净程度上都超过商店里售卖的瓶装水（这是新近调查显示，绝非凭空吹牛），走到哪里拧开自来水喉便可享用。这样天然而免费的"设计"，你怎可错过。

设计师备忘录

1. Fiscars Village

这座工厂离芬兰首都赫尔辛基100km，其原始和丰富令人有“惊艳”之感，Fiskars河穿过山谷，又顺流蜿蜒而下，河畔肥沃的土地造就了铁工厂的富饶。这里看似偏远，你却可以买到最时尚的设计产品，从创意小家居、刚加工完成的大件家具，到简约风格的银饰，一应俱全。小型酒店和餐厅也应运而生。一到夏天，这座铁矿小镇就成了随着睡美人苏醒而复活的家乡，满是游人和绿色。Fiskars有个常设的展厅，经常会举行不同类型的设计展览，展示着小镇的设计成果。有媒体曾这样评论道：“芬兰设计的前卫之风似乎悄悄地飘到了Fiskars。这股汹涌澎湃的设计潮势不可挡地涌入了这个诗意的小村，给我们带来了无穷惊喜。”事实上，这种“背靠大树好乘凉”的工作方式在艺术家和设计师中并不稀奇，对于纯手工作业者来说更是比较传统且便利的，这个平静而接近自然的小村子给他们百分百投入工作状态的环境，而这种扎堆不落单的风格是目前芬兰新一代设计师们所推崇的。[*地址：Peltorivi 1FIN-10470 Pohja，电话：+358-19-2777504，网址：www.fiskars.fi*]

2. Arabia Factory

Arabia属littala集团旗下品牌，包括餐具、厨具、室内装饰品及礼品。其产品造型简朴、精巧实用、装饰色彩清新，给人以无穷的美感和愉悦，瓷器在littala概念店也有销售。赫尔辛基的Arabia公司大楼共9层，该楼中还有Arabia陶瓷厂和博物馆，展览着过去130年间的经典作品，花上3欧元便可以参观生产车间和产品展示大厅。工厂店里汇集了若干品牌的家居设计作品，虽然少有当季新品，但做工与观感皆无可指摘，也不乏“冰蚀湖”、“玻璃鸟”这样的经典之作。工厂店的楼下，有家开张不久的设计店铺Artebia，专门出售新晋设计师作品。对于表示欣赏的顾客，店主一律热情洋溢，不管你最后是不是掏钱：“所有的东西，保证都是Made in Finland”。[*地址：Arabiakeskus, Hameentie 135, 00560 Helsinki（市中心做6路电车，在终点站Arabia下车即可），电话：+358-(0)204 39 3507，网址：www.arabia.fi*]

3. 学术书店（Academic Bookstore）

这是阿尔瓦·阿尔托在20世纪60年代的作品，该书店有30多种不同语言的书籍，门类有小说、非小说、诗歌、地理、旅游、历史和儿童类图书，对书虫来说绝对是个诱惑。由于建筑位于Keskusatu中央大街与北滨海大道相交的街角上，阿尔托充分考虑了两条不同街道的气质，并在建筑立面上着力体现。他在两个立面上使用的基本材料都是铜，为了使得北滨海大道一侧的立面适应该街道的明亮特征，个别部分还采用了白色的大理石，结构是钢筋混凝土。地下室层表面是花岗石，金属板构件是铜质的。室内主要趋势是通过三个大的天窗获得自然采光，而墙和顶棚都粉刷成白色，地面和画廊矮墙以及扶梯井都是白色大理石饰面。[*地址：KesKusKatu 1，电话：+358-9-121 41，网址：www.akateeminenkirjakauppa.fi*]

4. 设计论坛

芬兰设计论坛在芬兰以及世界组织展览，主要目的是向世人更多地展现芬兰设计并提高设计在工业中的利用率，是展现芬兰设计在芬兰国内与国际上成果和力量的信息中心，并且推广应用设计的工程/信息服务以及推出宣传册等。

设计论坛商店提供100%芬兰现代设计的精品、玻璃制品、木制品、陶瓷、纺织品、工业设计作品、珠宝以及宣传资料等。[*地址：Erottajankatu 7，电话：+358-9-6220 810（设计论坛）；+358-9-6220 8130（设计商店），网址：www.designforum.fi*]

5. 设计小店推荐

在赫尔辛基市中心Annankatu大街上的许多设计小店、古董商店都被划入了赫尔辛基设计街区中。以下是几家推荐。

A. Bisarri: 出售上世纪50~60年代芬兰产品的古董商店，尤其是凯·弗兰克的玻璃器皿收藏品尤其出色。[*地址：Annankatu 9，电话：+358-9-611 252*]

B. My O My: 这是一个包罗各种风格的时尚概念店，是具有独特设计内饰的购物艺廊。[*地址：Erottajankatu 9，电话：+358-10-423 3733*]

C. Secco: 变废为宝的小店，将废品加以时尚设计而成为美观实用的艺术品。[*地址：Fredrikinkatu 33，电话：+358-9-673 782*]

D. Aretek: 专门出售芬兰著名建筑大师阿尔托设计或源于其设计的家具，创立于1935年。大师阿尔瓦·阿尔托在进行建筑设计的同时还倾心于室内和家具设计。店内除了家具外，还销售灯具、地毯/室内织物与餐桌等。[*地址：Etel-esplanadi 18，电话：+358-9-6132 5277*]

Tips

1. 赫尔辛基卡。该卡是一种优惠打折卡，是车票，又是参观游览门票，还包含语音讲解的免费城市观光，分1日、2日、3日三种，分别为33欧元、45欧元和55欧元，网上订购可节约3欧元。语音城市游的出发地为爱斯普拉纳地公园（Esplanaali）和Fabianinkatu街出发。成人票价为25欧元，凭赫尔辛基旅游卡可免费乘坐。
2. 设计街区地图可以在每个标有‘赫尔辛基设计街区”的小店中以及旅游咨询中心等地免费获得。
3. 芬兰航空开设了上海、北京与赫尔辛基之间的直航，大致抵达时间是下午。

设计关键词
童话老城

塔林

塔林在波罗的语中意为"水边的居住者"。水，自然亦是这里的一大特色。湖就在城市边上，湖水轻漫流淌，微若无声。夕阳时，一缕斜阳洒向湖面，波光粼粼，如同置身童话世界般安详惬意。而塔林的神情，也从无一丝一毫的紧张和匆忙。

塔林应该老的，有1000岁那么老，应该能滋长出一些斑驳的墙长满青苔的瓦当，然而时间的皱纹已让油漆给抹去，应该鹤发却童颜。二战期间，塔林饱受轰炸，苏联统治的时代，老城更是残旧不堪，大部分的人口遗弃了老城搬迁至周围苏联风格的楼房，脱离苏联统治后，这个波罗的海最小的国家，马上加快步伐进入21世纪，政府立即修复了塔林古城，联合国也将之列为世界文化遗产。

老城不大，闲步游览最佳，中世纪的小街道迷宫式的格局，处处引诱游人迷路。楼房大多不高于三层，底层大多是精品店、咖啡馆等。把手上地图放一边，实在不必担心迷路，迷路可能更好玩，反正随便走也自然会走到老城的中心广场 Reakoja Plats（市政厅广场），自11世纪这里一直是塔林人生活的中心，曾为一个露天的市集，现在咖啡馆的露天位置已经成了看人和被看的最佳舞台。

市政厅为哥特风格建筑，高64m的塔楼高耸入云端，是北欧现存唯一的哥特风格市政厅，攀上塔楼能以天使的角度鸟瞰整座古城。广场有很多古老的故事，但需要运用想像力才能将它们的过去拼凑起来。广场北侧还保留了一家自1422年就开始不间断营业的药房，为全世界最古老的药房之一。

正如其他前苏联的东欧国家，当地的设计师艺术家总有意无意在作品中表现了一种荒诞色彩，然而塔林的荒诞色彩却带着浓厚的童话气息，少了幽暗多了色彩，正如当地一个著名设计师 Kadri Kaerma 的作品，她设计的摆件总有着怪趣的造型，细细长长的猫咪有着荒诞的表情，在她的作品中天空总是特别蓝，云特别肥，草地盎然的绿。

不过，在塔林，除了那些红顶高塔、斑驳城墙让人流连外，让我印象深刻的是这里的门和窗，仿佛打开每页窗，都能听到古老故事，推开每扇门，都可以穿过时光隧道回到中世纪。整理照片的时候，才发现自己拍了那么多的门和窗，包括教堂、市政厅和博物馆的门窗、商家与民居的门窗，还有塔林最重要的城门，这些比我看到的听到的、关于塔林关于爱沙尼亚的故事要多得多。

不过，这么多的门都不属于我，哪怕只有一晚。

设计师备忘录

1. 城墙，塔和大门

中世纪的城堡，最早在 13 世纪后半期出现在早期发展的中世纪城市里，包围了市中心，以创造一个封闭的防区。不断增加和改善使得到了十六世纪，塔林可以自夸为北欧最强大和最有力的防御系统。城墙，那时是 3m 厚 16m 高，沿城市延伸 4km 左右，并连接 46 座防御塔。今天，2km 的原油城堡和 26 处碉楼仍然保存完好。

2. KUMU 美术馆

由芬兰设计师 Vapaavuori 设计的 KUMU 美术馆早已成为当地人的骄傲。[*地址: Weizenbergi 34/Valge1，电话: +372 602 6000，网址:www.ekm.ee/kumu*]

3. 设计小店

A. Myy Art: 这家位于老城区的美术馆出售爱沙尼亚高品质的艺术品。这家美术馆归三位非常有天赋的艺术家所有，展出的是其自己制作的陶器、纺织品和许多图片艺术品和玻璃。[*地址: Muurivahe 36，电话: +372 631 3289*]

B. nu nordik： 这是一家非常具有吸引力的现代商店，出售的都是年轻的爱沙尼亚设计师作品。[*地址: Vabaduse valjak 8，电话: +372 644 9392*]

C. Reet Aus: 这家位于老城区的一家非常新鲜的开放式制作室，出售环保型的高品质服装，这家店的主人是 Reet Aus，是一名年轻的非常具有创造力的爱沙尼亚女装设计师，其主导原则就是将环保元素和良好品位完美结合。[*地址: Muurivahe 19，电话: +372 681 3857*]

D. Navitrolla Gallery: Navitrolla 是一名作品遍布全世界的年轻爱沙尼亚艺术家开的。他制作的怪诞的和新奇的作品被画在美术馆的墙上。他的油画只有在这里才能买到，他的印刷作品也分为有框和无框的两种。[*地址: Suur-Karja 21，电话: +372 631 3716，网址: www.navitrolla.ee*]

E. Vaal Gallery: 这家美术馆收藏了爱沙尼亚艺术最具有闪光点的样本，通过艺术展览、出售和拍卖等形式，为将现代艺术品带到大众面前指明了新的方向。[*地址: Tartu mnt 80D，电话: +372 681 0871，网址: wwww.vaal.ee*]

F. Bogapott: 这是一家艺术品商店、咖啡馆和陶器制作室的综合体。这意味着这家商店所出售的商品在别的地方是买不到的。顾客可以漫步在夏季的庭院中，用这家商店制作的杯子喝咖啡。[*地址:Pikkjalg 9，电话: +372 631 3181*]

4. Grillhaus Daube 餐馆

Grillhaus Daube 餐馆坐落在旧城区一座历史悠久的建筑物中，有着优越的地理位置。这座建筑物始建于 18 世纪，于 2005 年翻新。餐馆分成两层。一楼有真正的明火壁炉，二楼可以将 Niguliste 教堂尽收眼底。建筑材料为木料与石头，整座建筑物感觉舒适安逸。厨师采用火山岩为食客烤制食物，有鲜滑多汁的肋骨、烤鱼、牛排等等。这里最值得一提的是热情的服务员与爱沙尼亚传统的餐具。[*地址: Ruutli 11，电话: +372 645 5531，网址: www.daube.ee*]

Tips

1. 交通：从赫尔辛基到塔林频繁有船穿梭，需时 2 小时左右。

2. 塔林虽然加入欧盟，很多商品也有欧元标价，但目前，大多商家都仍沿用爱沙尼亚货币克朗。

设计关键词
博物馆

图尔库

从古至今，许多人都将水称为生命的源泉，奥拉河就是图尔库的生命之河，而图尔库的心脏就是这条连接波罗的海，贯穿全城的河流。

“沿着奥拉河去寻找图尔库的心脏”，图尔库的观光网站上这样建议道。奥拉河感觉上有点像缩小版的塞纳河，虽然河面窄了点，河流短了点，也没有绿色箱子的书报摊，但是散步的时候感觉很像。越往下游走，河面稍微宽了些，也有几艘改为餐厅的大船停在河边。

图尔库原为芬兰古都，毗临瑞典，承袭了瑞典风格的建筑，成为芬兰与俄罗斯文化分庭抗礼的城市。除了这点外，图尔库近800年的悠久历史也使它成为最受欢迎的观光城市之一。作为2011年欧洲文化首都城市，图尔库不仅仅是芬兰的一个古老小城市，也是欧洲中世纪城市的典型样板。图尔库也经常被认为是芬兰惟一的西欧城市，因为一般中世纪欧洲城市有4个共同点：有一条运输作用的河、一个大教堂显示宗教权利以及代表世俗力量的城堡和一个交易的市场，而图尔库4样都有。

芬兰文化包含着两个源流：一是瑞典，另一个就是俄罗斯，图尔库则是个与瑞典有深远关系的城市，到处仍保持着瑞典语，奥拉河边还用鲜花拼写出瑞典语城市名——Åbo，它也一直被瑞典人拿来作为与俄罗斯文化分庭抗礼的一个标志。

虽然图尔库也有许多名胜古迹，但我最偏爱的反而是图尔库的博物馆，不同类型的博物馆选择了不同的表现手段，无论是建筑设计，还是室内设计抑或是展陈方式与展品均值得仔细揣摩。18世纪手工艺品博物馆是图尔库历史上一次大火留下的唯一木质结构房屋建筑区，博物馆保持了几百年前的原始手工艺人的生活与工作状态，从物质文化遗产与非物质文化遗产的双重意义上做出很好的探索，而Aboa Vetus & Ars Nova则是一座700年前的地下城堡，博物馆就是建筑在这个废墟之上，有点像西安兵马俑博物馆的感觉，是芬兰古老时代的真正体现者，这种创新足以掩盖中世纪任何街道的光芒，而比邻的展示20世纪艺术展览品的博物馆又与中世纪的村庄形成鲜明对比。

值得一提的还有图尔库人引以为傲的图尔库图书馆，新图书馆的室内与具有100多年悠久历史的旧图书馆相通，后者已被改建为一个咖啡厅和会客室。安坐于这城的历史角落，淡雅的图尔库图书馆符合一切传统阅读者的期望：它安静、低调、温暖，与城市空间的对话和谐愉悦。

在极昼的夏季，距离图尔库市区20km左右的“黄金海岸”也是个不错的选择，芬兰总统夏季别墅就在这里。黄金海岸的对岸是太阳城——南塔里（Naantali），著名的“姆米世界”就坐落在南塔里附近海湾的凯罗岛上，这里是孩子们喜爱的童话世界和冒险天堂。可爱的小姆米是芬兰著名作家托韦·杨松在其童话故事《梦幻谷》里虚构的一个小巧动物，看上去像河马，是个聪明活泼的小精灵，深受芬兰和世界各地小朋友的喜爱。每逢夏季，南塔里的岸边都停满了游艇，许多露天咖啡馆也挤满了享受阳光的悠闲芬兰人，在这里小憩下，享受芬兰的夏日极昼之夜也是种城市的别样体验。

设计师备忘录

1. Aboa Vetus & Ars Nove 博物馆

Rettig 宫殿是当地著名的名胜，位于图尔库中心地带的奥拉河畔，烟草生产商 Rettig 曾居住于此，现今成为两个著名的博物馆——Aboa Vetus 博物馆和 Ars Nova 博物馆。1997 年这座豪华建筑被誉为欧洲第二大博物馆。虽然图尔库的美术馆无数，但我最偏爱的还是这座融合考古和现代艺术的贯通古今的特殊组合。Aboa Vetus 是指“老图尔库”，1990 年当著名的烟草商 Rettig 整修家族豪宅之时，无意间发现这个埋藏地底的圆拱型地窖、铺石街道、3 万多件生活用品，原来这是 14 世纪的图尔库城。当时的图尔库是瑞典境内仅次于斯德哥尔摩的城市，这些发现有助于学者重建中世纪的人民生活实景。博物馆内的展览定期更换，以不同主题让民众可深入了解历史。另外提供 12 个多媒体节目，让参观者身历其境，走入中世纪的图尔库街道与生活。Ars Nova 则是指“新艺术”，相对于老图尔库，展示品显得十分多彩缤纷。主要的展览是由 Matti Koivurinta 基金会所收藏的现代艺术，也是采用主题轮展的方式，所以每次到这里，都可欣赏到不同的艺术品。[*电话：+358 2 250 0552，地址：Itinen Rantakatu 4-6,20700 Turku，网址：www.aboavetusarsnova.fi，花费：成人 8 欧元、儿童 5.5 欧元*]

2. Luostarinmaki 手工艺博物馆

1827 年的大火，将图尔库所有的老建筑都烧光，仅剩 Luostarinmaki 一带由于地处偏远，约 40 栋 18 世纪的老建筑完整地保留下来，1940 年被改建为露天手工艺博物馆，和其他的北欧老建筑博物馆不同的是，这里的建筑并非收集自国内各地，而是保留整个原始的建筑群。走在手工艺博物馆的街道上，恍惚间竟觉得回到了中世纪的欧洲小镇，房屋全部是木结构的，用木栅栏围成一个个作坊式的院落。手工艺者们给自己设计的招牌很有意思，挂靴子的门口可以猜到里面是鞋匠的作坊，乐器工匠的窗户底下挂着的是一只精巧的小提琴，钟表匠人的门前他会放上一个巨型怀表，并且表还滴答滴答走得挺好……好像来到了格林兄弟笔下的世界，对里面的主人产生好奇，不知道这里居住着的是不是童话里来自布来梅的音乐家们。

夏天的时候修道院山上会有手工艺制作表演，妇女们还要穿上复古的长裙扮演中世纪的农妇，气氛完全追溯到老远老远以前，那些宁静温和的黄金岁月里去。8 月时全部的手工艺匠，都会在现场示范技术，其余时间只有 1-2 种示范，使这里显得有点冷清。[*地址：Kalastajankatu 4，网址 www.turku.fi/museo，花费：成人 5.5 欧，儿童 3.5 欧，交通：位于奥拉河左岸，沿著土库教堂前的 Undenmaankatu 大街，往远离市中心的方向走，到 Sirkkalankatu 右转即可看见标示*]

3. 西贝柳斯博物馆（Sibelius Museum）

这座博物馆以西贝柳斯为名，事实上是属于图尔库大学音乐系的一部分，除了西贝柳斯的文物，还包括 900 多件乐器收藏。进入展厅后，展馆工作人员会讲述关于西贝柳斯的历史以及西贝柳斯博物馆的历史，并让观众闭上眼睛，播放西贝柳斯在芬兰最广为人知的作品《芬兰颂》。展馆建筑氛围地上和地下两层，地上层有不同时期和文化的乐器的展示，还有一个小型的音乐厅。地下层有西贝柳斯的头像和不定期的展示。[*电话：+358 2 2154494，周三晚间 18:00~20:00，周一休馆，地址：Biskopsgatan 17, FIN-20500 Turku，网址：www.sibeliusmuseum.abo.fi，花费：成人 3 欧元、儿童 1 欧元，含导览，交通：从游客服务中心步行约 10~12 分钟*]

Tips

1. 交通：由赫尔辛基有火车或巴士直达，车程约 1 小时 30 分钟。图尔库机场离市区 10km。
2. 图尔库卡（Turku Card）分 1 日卡、2 日卡、家庭 1 日卡三种，票价分别为 21 欧、28 欧、40 欧，家庭卡适用 2 个成年人和三个儿童，该卡可免费参观图尔库的美术馆和博物馆，无限次使用交通工具，并享受一些餐厅和酒店的折扣。
3. 游客中心(Turku Touring) 地址 Aurankatu 4

设计关键词
阿尔托
北极

罗凡涅米

拉普兰省的首府罗凡涅米是圣诞老人的故乡，是极地风光的极佳观赏地，是世界上惟一设在北极圈上的省会。我曾经查到她的一个中文名字叫露云娜美，让我很早就对她展开了美好的想像和憧憬。

罗凡涅米是一个很小的城市，人口才5.5万人，二战时期被前苏联军队全部炸毁，战后由芬兰著名建筑设计家阿尔托规划设计，城市才得以重建。据说阿尔托是按照北部驯鹿的形状来设计这座城市的重建蓝图的。市内随处可见阿尔托当年设计的建筑，如拉毕大厦和图书馆。

罗凡涅米有一个让人流连忘返的极地博物馆，那就是ARKTIKUM博物馆。博物馆生动地展示了北极地区的自然和生命的演变过程，人类与北极的相互关系、北极圈内不同的种族文化等。展厅内还收集了生活在北极地区土著民族爱斯基摩人和萨米人的文物，记录了他们的传统和风俗习惯，利用多媒体技术，介绍了极地恶劣天气情况下当地居民的日常生活。

萨米文化也是我的兴趣之一。萨米人(Sami)(又称拉普兰人Lapps)是居住于北方极地的土著民族。他们的深蓝带红彩花边的传统服饰，及精美毛皮制品和小刀、皮鼓等工艺品，他们用鹿皮搭建的锥型蓬帐，饲养驯鹿的优良技术，代表着北方极地的独特色彩，洋溢着浓郁的芬兰风情。按远古石头上的刻划图案所显示的考古证据，萨米人约在一万年前的冰河时期完结后就已迁徙到北方极地居住。早期他们聚集于大西洋、北极洋与波的尼亚湾一带，后来才逐渐移入内陆。本来萨米人占据大部份芬兰土地，后期移居来的芬兰人将他们推回北极圈之内。萨米人以前为游牧民族，他们狩猎野鹿，在荒原间捕鱼和采集野果，在和暖季节则贩卖肉类、皮衣与自家特制工艺品。但芬兰境内的萨米人愈来愈多地开始农业生活，渐渐地他们比其它北欧国家的萨米人更安定地驻扎下来。

芬兰的萨米人约有6500人，他们分散地居住在北极圈以内的拉普兰地区，主要在东拉普兰的萨利色尔卡(Saariselka)一带集结成较大村落及社区。伊纳里(Inari)建有详尽展示萨米人历史和资料的Siida萨米博物馆，并有画满萨米人图画的萨米教堂。

设计师备忘录

1. 圣诞老人村和北极圈分界线

圣诞老人村位于罗凡涅米以北 8km 处的北极圈上，正式的北极圈分界线也位于这个村落内。这个村落是一组木建筑群，包括有正门的尖顶、餐厅、花圃、圣诞老人办公室、居所、邮局、礼品店、麋鹿园等。圣诞老人邮局里各种充满童话色彩的邮票、贺卡和礼品等。所有从此寄出的信件，都会特别盖上北极圣诞老人邮局的邮戳。假如希望寄出的信刚好在圣诞前到达收件人的信箱，那么务必要把信件投入红色邮筒中。此外，也可以预定一封由圣诞老人亲笔签名的信，给亲朋好友带来惊喜。

来到这里还有两件大事：第一就是要把双脚横跨在北纬 66°33' 的北极线上拍一张留念照，第二是领取自己进入北极圈的证书。这两份材料都被游客们当成重要的旅游文件而终生保存。[*地址：Joulumaantie 1，网址：www.santaclauslive.com*]

2. 北极中心和拉普兰省立博物馆（Arktikum）

Arktikum 科学中心的建筑奇特而充满科技魅力。整个建筑物的室内面积为 10000m^2，顶部是一个长 174m，宽 30m 的玻璃通道。建筑物的正门在南面，北面还有一个出口，意味着该建筑为前往北方的通道。建筑物内的大多房间都在地下，整个建筑反映了这样一个理念：在气候恶劣而严酷的北极，植物和动物只有在地下和雪下才能继续生存。Arktikumde 玻璃幕顶下有两个机构，北极中心和拉普兰省立博物馆。[*地址：Pohjoisranta 4, 96200 Rovaniemi，电话：+358-(0)16-332 3260，网址：www.arktikum.fi*]

3. Marttiinin 刀具厂

芬兰著名的土产刀具厂，建于 1928 年，现已改建成一座小刀博物馆，里面附设有该品牌的小刀精品展销厅，Marttiinin 刀具经久耐用，做工精致考究，是艺术家以及猎人的首选。[*地址：Vartiokatu 32，电话+358-(0)40-311 0604，网址：www.marttiini.fi*]

4. 罗凡涅米图书馆（The Regional Library of Lapland）

罗凡涅米图书馆是规划的行政文化中心的第一栋建筑。它的空间布局是多样化的，而且它的功能是作为芬兰拉普兰地区的中央图书馆。主要的区域朝向安静的中央广场，向北面采光。主要区域呈发射状布局，里面的大多数部分都覆以白色瓷砖，而一部分是白色粉刷，基座部分是花岗石，屋顶表面覆盖铜板。主要建筑的采光是通过特殊建造的天窗，低角度的阳光投射必须被消除；但另一方面，照明需要尽可能强烈的光线，这种布局意味着光线主要投射在书架上。参考书书架放置在主要的楼层，位于扇形凸起的外墙上，不是用于外借的图书和收藏的版本都保存在下沉阅览室中，整个区域从位于中央的借还书台都可以方便地观察到。[*地址：Jorma Eton tie 6，电话：+358-(0)16-322 2463*]

Tips

交通：从赫尔辛基搭飞机前往罗凡涅米，需 1 小时 20 分钟，罗凡涅米机场离市中心 9km；从赫尔辛基乘夜火车前往罗凡涅米，需 12 小时。END

面子，里子

撰 文 | 陆宇星

每次有“面向世界的”大活动就来刷墙了，不久前是奥运会，这会儿又为了世博会。不反对美化一下市容，但流于形式敷衍了事甚至违背初衷的做法，掂量的实在是“执行力”的问题。

之前奥运会的时候，大概因为那主要是北京的事，上海只意思意思刷了刷临大街的房子，弄堂口那栋历史保护建筑被厚厚地涂了层橘红色，相信原来绝不是那么恐怖的颜色……同样的颜色稍稍延伸到弄堂内部，然后突然断掉了，大概主管单位的负责人从街上往里瞄一瞄，觉得看不大到了，就OK了。

平时，时时会有人在居民外墙上印个疏通下水道什么的电话号码，这个处理得很勤快，不管是砖墙水泥墙还是涂料墙，往往第二天就被一刷子的白色涂料盖上了。无奈那一块块的白色补丁，实在还不如电话号码好看，所以我专买了把钢丝刷子，专为铲除白补丁。其实在弄堂口弄块专门的地方，允许贴小广告不就行了？既便民又解决问题。只需注明对信息准确性概不负责，违法信息集中处理也方便。

要开世博会了，又要刷墙了，这次所有老房子都要被迫上妆。院子内外都轰轰烈烈搭起了脚手架，感受了一把香港九龙城砦般的气场。放在花坛上的花盆被砸碎了，刚吐新绿含苞待放的植物们被粗暴地扯断、压塌，花坛里、院内青砖地上到处是烟头、纸巾、餐盒、斑斑痰迹。不想讨论工人的素质，这是管理者的问题。

看到一个工头随意指点工人“就刷这个颜色，那边、那边也是”，我知道我们这栋老房子保留至今的淡绿色的拉丝挂釉外墙砖是保不住的了。果然，现在它和那杏黄色凹凸有致的水泥墙浑然一体了，都被抹上了厚厚的一层灰白涂料。那些灰白的涂料还到处挥洒，汤汤水水地淋在窗户上、铁门上、地上、花盆上、我的宝贝植物们的一头一脸上……

这样大动干戈地涂抹一遍，除了让外人远远拍张照片显得城市干净整齐些，看不出有任何好处，要说对外墙有保护作用，涂料下面长年的灰尘、污垢都没清洗过，没多久就会剥落。能想像得出，下次再搞活动了，又会在上面再涂上一层……

这两天脚手架终于拆了，大毛竹搬走再利用去了，留下一片白花花的墙、四处都是长久褪不去的斑斑点点的涂料、还有遍地的垃圾和剪断的钢筋铁线。留给我的还有被践踏的花坛、一院子奄奄一息的植物。这样费而不惠的工程除了破坏还是破坏，与“美”何干？如果市府能把这笔资金用于解决乱丢垃圾随地吐痰的问题上，城市形象不知要好多少倍。END

从纸上到地上

撰 文 | 刘东洋

长久以来，建筑制图的确把建筑给领向了一条惊人异化的道路。不信问问建筑系新生和他们的父母，为什么选择建筑学？可能多数学生家长以为，建筑学培养的人才将来都进设计院，对着图板，现在是电脑，在纸上设计房子；而学生们则多以为建筑跟绘画关系密切，爱画画又上不了美术学院，学建筑也无妨。这么说不晓得是否过于笼统，但这其实就是社会普遍对于建筑的误解之一，也是建筑学自己愿意给社会造成的印象。从法律的意义上讲，如果一套建筑图纸满足了设计规范，计算没有出错，那起码建筑师可以在法律的层面上拎清自己，尤其是在大楼突然倒下的时刻。然而，建筑如果真就止于图纸的话，就是建筑学的悲哀了。

您看，我们的大一教学生设计一道墙时，教你画两条线，代表什么？我读书时基本叫做24墙，就是红砖的大小，还有个材料。现在，几乎什么都可以。这样，学生几乎到了毕业画到正图时线条和材料和交接还对不起来。如今有电脑图库，用各种色块和肌理去换着填，看着方便自由，实际上，恰恰说明线条尺寸的设计跟材料设计是两步走的。在白纸上画两条线很容易。然而，这两条线代表了什么？怎么交接、怎么造起来、要花多少钱，并不会因为两条线的完结而完结。如果是一堵墙，是24墙吗？为什么是24墙？我们还能够用砖吗？如果是钢混，为什么？造价多少？想实现什么？同样是做钢筋混凝土，路易斯・康在Kimbell博物馆的墙内添加了火山灰和当地的沙子，为的是制造一种蛾翅般均匀的绒似的墙感，以便让我们感受混凝土的轻；而柯布在拉图雷特修道院也用了钢筋混凝土，却要故意把水泥做粗、水分提高，在浇筑的过程中，把模板和缝隙上的斑痕留下来，以便体现类似绘画笔触般的质感，体现修道院的原始、古朴、手工，跟土地和上帝更加靠近的关系。两条线之间，意义、内容、材料、做法、技术、情感……全在里面，皆不相同。这才是建筑学的魅力和建筑师的魅力。

我们现在的建筑教育，倾向于把材料、做法、技术，当成是建筑中的二等公民，把线条为围合的空间和形体作为建筑教育的第一目的。常规的解释是，我们不能在起步阶段迷惑了学生，应该让学生先学会形式、空间、形体设计，然后通过结构课和构造课把学生的技术能力培养起来。构造课上无外乎两个极端：老师就能告诉你常规做法，好高骛远的学生自然对此不甘；另一种就是虚拟制作，随便画个构造图交差，完全不管能不能实现。这就是为何诸多欧洲建筑院校如今狠命地要求建筑系的学生起码亲自做一处1:1的实体节点断面的原因所在。正是因为很多院校意识到了学生都不想当工匠，总想当画家，才在教育课程的要求中包括了制作这一环节。很多学生以为构造就是那“三毡一油”，其实，构造可以是任何材料之间的交接合成方式。像卒姆托、斯卡帕这些建筑出彩的建筑师，就在于他们早就超越了常规构造的约束，每次都得自己发明构造并通过交接检验设计理念，才得以成就优秀建筑的。可见，把学生从“绘图”和“画家”的梦想中拉出来，推向匠作，对于实现优秀建筑作品来说，该有多么重要。当然，画得美丽不是罪。讨论手绘还要不要一半是出于误解，一半是废话。为什么不能手绘非常美，同时又懂得工艺呢？我们如今开始强调两条线之间的物质性，并不是说形式不重要了，概念不重要了，口号喊不得了，画家做不得了，而是对只作画家的学生提出了一种提示：绘画，不等于建筑学；制图，也不等于建筑学。仅此而已。END

在城或不在的选择

撰 文 | 孙施文

每一次的大事件，都会引发出不同的想法：究竟是加入到狂欢之中并成为狂欢的一个因子，还是作为一个旁观者欣赏他人的表演？究竟是将其看成是一次机会并在其中谋取自己的发展，还是逃离现场以躲避纷扰的尘嚣？每个人都会作出这样那样的选择，而且都必须作出选择，也许选择的方式原本是可以很多很多的。

最近看了一本很翔实的查尔斯·狄更斯的传记，看到他在第一次世界博览会期间，借居在 Kent 的海岸边，在书信中向友人诉说着被“逼出”伦敦的缘由，心有戚戚。我深深地感到，这还真有点现实或者说前瞻的意义了。

1851 年 5 月开始在海德公园举办的博览会，有 25 个国家参展，展示了与新的生产技术、新的生活理念相关联的各种技术产品，是工业社会向世界扩展的一个重要窗口，后来也就成为公认的世界博览会的第一届。那个作为主场馆的水晶宫不仅作为该届博览会的标志而名垂青史，也作为现代建筑史上的一个奇迹被不断地复述，尽管其在博览会之后不久就被大火烧毁。

这样一件盛事在当时的伦敦也是极为的轰动，据记载有 600 多万人参观了该届博览会。在这样的一片热闹中，查尔斯·狄更斯却在会展的大部分时间内将自己的住房出租了出去，躲到了 Kent 的海岸边，过自己的日子去了。

他在那里写的一封信，解释了远离热闹的原因：“我发现自己被博览会‘掏尽’（used up）了。我不是说‘那里没有什么东西’——那里的东西太多了。我去了那里两次，太多的东西难住了我。我有一种视觉上的天然的恐惧，如此多的景象所产生的混乱一点都没有因此而减弱。我不能确定，除了喷泉还有亚马逊（the Amazon）之外还看到了什么。被逼得虚伪是一件可怕的事情，但当有人说：‘你看到了吗？’时，我就说‘是’，因为如果我说没有，我知道他就会解释它，而我不能忍受那样的事……”

当世博会在其他国家、其他城市举办时，我们可以选择去或不去，也可以选择去了一次之后再去一次或者两次等等，反正都是主动地加入。但当这个博览会放在我们自己的城市里时，去多少次也许已经不是我们所需要选择的了，或者也由不得我们来选择了。而更多无法选择的压力——无形的、内心的也许就会伴随始终了。我们还有自主选择的机会吗？ END

北京：有多少记忆可以重来

撰 文 | 沉思

与北京阔别 7 年之后，今年我先后两次到北京出差，由于工作的关系，这段时间里差不多游历了北京市区的所有主要区域，它已经变得让我认不出来了。

有些街区整片整片的消失了，取而代之的是各种光怪陆离的新式建筑。无论是原先就规划得杂乱的海淀、中关村和学院路，还是曾经还保留有很多老北京建筑的南二环内的外城，都已经面目全非。涌现出了大片布局很散，楼层不高的新式楼宇，缺乏统一规划，颜色风格杂乱无章，又缺少相应的指示，要找到一个具体地址都要花费很长时间，走很多的路。一些新的地标建筑，状似前卫，其实似乎并未认真考虑与基地的关系。

道路宽得越发不可理喻，步行过马路宛如长征，这当然与北京在中国最高的人均私车拥有率有关。当不堵车的时候，你会觉得道路无比奢侈；然而堵车依然无法避免，到了这里你会明白在北京这样一个高人口密度的城市里，城市规划学者们担心的那种最终城市只剩下一条超宽的马路，其余什么也没有的状况，照此发展下去是绝对有可能出现的。对于喜欢在城市里行走看风景的人来说，这样的城市绝对是噩梦。即便是你已经看到的地方，走过去要花费的脚程超出想像，而且由于看着同样的风景，沿途极其无趣。这样一座原本建筑极具特色，充满传统文化气息的古城，如今的城市规划和布局已经像极了北美西部那些狡猾的汽车商参与规划的城市，所谓“走不动的城市”。

出差期间，和一个瑞士同事聊起对中国城市的印象。我问他北京和上海更喜欢哪个城市。他说当然是上海。他给出的理由之一是北京已经几乎没有旧城了，旧城被毁得差不多了，这个城市的原有记忆消失殆尽了。曾经听一位复旦历史系博士讲起历史研究的意义，他没有说什么以古明今这类宏旨，而是认为历史研究其实是为一个族群保存它的记忆。一个人如果没有过去的记忆，只要智商还在，未必会严重影响他现在的生活，只是他应该会觉得缺了点什么。那么如果一个城市没有记忆了呢？那些对中国文化有特殊兴趣的老外如今可能也不会喜欢北京了，这个城市恐怕只会让他们更为痛心。

曾有这样一种说法：如果你要看中国两千年的历史，你要去西安；如果你要看中国六百年的历史你要去北京；如果你要看中国近代一百五十年的历史，你要去上海。我想现在北京这句应该改成‘如果你要看最近七年为了奥运城市大跃进的历史，你要看北京”了。台湾名嘴陈文茜 N 年前来大陆时，曾经说北京就像一个沧桑男人，它的胸怀和大气，它的遗迹和伤痕无不昭示着它曾历经的沧桑；而上海好比一个风情女人，它海纳多元，精致时尚又风姿绰约。我那时以为还是非常准确地抓住了两座城市气质上的神韵。可是如今，这个沧桑男人已经被人为切除了记忆又换上了一个十几岁的发育不均衡的少年的躯体，只是他的灵魂依旧疲惫。 END

吕永中

VEP DESIGN 唯品设计董事长及设计总监
半木原创家居品牌创始人

1968 年出生，1990 年毕业于上海同济大学并留校任教多年。长期从事空间设计及家具研究。设计风格结合了传统与现代的多元可能。曾应邀参加荷兰设计周，其作品多次获奖，并作为中国原创设计力量的代表被国内外媒体广泛报道。

吕永中：惑，不惑

撰文 | 李威
摄影 | Janus

要解读吕永中，有点不知从何说起的感觉——他有诸多身份、诸多作品、诸多言论，可谓千头万绪。作为一个生于1960年代末的人，吕永中身上有着“60后”那种责任感和理想主义气质，同时也不乏“70后”那种我行我素的独立精神。他说：“我们是喜欢想问题的一代，因为不得不想。我们成长于变革时期，小时候所受的教育和当下的社会现实之间有巨大的鸿沟，我们一直处在一种困惑和矛盾之中，原来的答案已经回答不了现在的问题了，所以我们不得不尝试自己寻找答案，建构一套自己的体系，去判断未来。”或许，梳理这些贯穿于他设计、生活之中的困惑、追问、找到答案或方向，又产生新的困惑，继续新的追问和寻求，能够帮助我们更清楚地理解吕永中的所言、所行和所求。

探寻之一，自然是关于中国设计。在他的一个作品展上，吕永中曾经偶遇一位教马列主义哲学的老师，他看到这位老师一直很有兴趣地观看展品，但又能看出来此人并非设计行业人士，便上前攀谈起来。“我就问他在这里看出些什么，他第一句话就把我逗乐了——‘我看出你有很多爱国情结。’”哲学老师的一锤定音可能略嫌简单化，但事实上，吕永中近年来对于中国设计的反思和尝试，不仅见于言论，确实也已清楚地形于作品。他认为，中国改革开放30年来的快速发展，使我们学到很多，同时也失去了很多。很多设计师缺乏自信，一味模仿欧美设计大师，造成了中国设计在世界设计舞台上的黯淡与被忽视。

一位法国设计师曾问吕永中，能不能看到真正有你们中国特色的作品？然而何谓“中国特色”？近年标榜“东方”、“中式”的设计不在少数，“中式”的核心精神又在哪里？吕永中认为，“中国”不在符号和象征中，无需刻意寻求，也不必把自己局限在某一个风格中，而要尝试去找到突破。“四五十岁对设计行业来说还很年轻，把自己定义成一种风格，其实在潜意识当中是把自己固化了。社会在变，时代在变，你所呈现的作品只能代表某个时期你的想法和当时的社会状况。重要的是能不能基于这块土地，寻找某种本源的、可以立足于未来的元素。中国的设计师需要从生活当中得到体验，把身边的事物当作生命体来看待，敏感地汲取灵感和体验；没必要研究太多趋势等表象，只要把目光拉回到自己的土壤，让自己的味道散发出来就好。”

在探寻之路上，吕永中做过许多尝试和努力，十余年下来，虽然还不能自成体系，但“有点方向了”。“我感到现在还是积累不够，不那么得心应手，还要花很长的时间去研究，一旦时间不够，项目做出来就显得平庸。”为了达到心目中的理想状态，他舍得花大量时间与各种各样的人交流，希望跳出设计师的框框看设计；他也涉足家具、橱窗设计等领域并玩得有声有色，尝试找出内蕴的地域及文化差异，人与人、人与自然之间的关系，并通过材料和结构表达出这种差异和情感关系。“我需要这样一个过程，找出更多本源性的特色。这个特色并不以某个简单的形式为代表，而是更抽象，近乎于一种气场，或者说一种气质。”他觉得，当前中国设计缺少的是对秩序和系统的梳理。中国设计师更多的责任在于找出这些秩序背后的内容，梳理清楚，从设计层面引导现在的生活方式走向一个合理而美好的未来。

较之设计上的探寻，更为永恒的也就是人生的困惑与思索。人说四十不惑，吕永中也觉得，自己是在渐渐步入不惑之年的时候，开始对很多古老的东方哲理有了更多的体会和感悟。

“年轻的时候做事也是没什么底线，一是没条件，另外也是不知敬畏。慢慢发现没底线确实会出问题，在这个复杂社会里生存还是得有些游戏规则。有一些基本准则我认为是必须坚持的，这类准则古人已经讲过很多了，比如不要因小失大之类，只是现在的人都太‘聪明’，太会‘变通’了。我特别坚信两句话：第一、天上不会掉馅饼；第二、别把别人都当傻瓜。这些话人人都会说，可谁也不当真那样去做。40岁以后，我越来越觉得那是有道理的。”

有位业主曾说吕永中像武侠小说中的人物，也不去跟人家争胜负，就默默练功，有独行侠气质。吕永中自己的说法则是：“我只是知道有些事情我做不来。我一直说要耐得住寂寞，要发自内心喜欢这个行业。现在来自各方面的的诱惑太多了，如果想做好，还是要潜心研究。在这么一个飞速前进的时代里，花时间做点儿什么不能立刻带来经济效益的事情，对有些人来说是很奢侈的。我的生活很简单，应酬也不多，喜欢睡睡懒觉，休息日的时候在家里，大树下跟女儿一起画画读诗，或者去工厂跟工匠师傅琢磨琢磨工艺。我也愿意到处去走走，中国是很大的，我喜欢了解各地人们的生活。我希望把时间用在我觉得值得的地方。”

更多的人用“乌托邦”——一个介于“理想主义”和“愤青”之间、词性模糊的词——来形容吕永中，他也欣然接受。“所谓乌托邦，或者可以说我始终比较乐观。我相信中国的设计会找到自己的位置。其实我也知道，我这一代人可能看不到那一天。真正改变是需要时间的，但并不代表我们局部的改变没有意义。正是因为有大量的局部的改变，才会从量变到质变。作为一个设计师，特别是有了一定的经验和阅历以后，你有责任为这个行业带来些东西。除了在这个行业里生存发展、赚钱以外，能不能添一点经验？不管对与错，能不能多提供一些可能性？哪怕是教训也好，让别人知道你这条路走不通，这也有价值，它对未来会有所启发。”

归根结底，吕永中并不是要为自己的一切问题找一个笃定的答案，对他而言，更重要的或许是那种追问和探寻的过程。正如他所说：“人生就是一个过程。每个阶段去体验每个阶段的事情，去享受这个体验的过程，很愉悦，就行了。这样有进取的目标，对结果也能接受。如果一定要达到某种极致，实现不了也会很痛苦。设计可以带给人很多很多不同的体验，因为没有哪个行业可以这样涉及如此多的层面。用一种‘质检员’般的心态和角度去看待生活，看待社会，看待身边的人，剥掉浮华，找到一些真挚的东西，我觉得这是设计给我带来的最大的快乐。” END

吕永中的一天

撰文 | 李威
摄影 | Janus

2009 年 7 月 29 日 星期三
天气 阴转阵雨

9:40

推开唯品设计位于莫干山路的门，沿着走廊一步一步向前，尘嚣便一步一步退远。当你走到楼梯口，世界已陷入沉静，向上望去，两边的红色墙壁围出一丝和暖与刺激，楼梯顶端的光与下端的幽暗对比，勾勒出邀请的姿态，令人对光之彼端的世界充满期待。

二楼的办公空间很大，但分隔得宜，因此不显空疏。顶棚上，红色丝线随意编结。吕永中曾经说起，加入这一元素，一方面是呼应这个空间曾经作为一个纺织厂的历史，另外也是觉得工作室层高太高，灯光太高，会给工作的人造成不安定的心理影响，而且比较冷，用几根红线把工作空间限定出来，带来比较温和安心的感觉。

一进来几乎看不到什么人，陆陆续续来上班的员工，在前台打了卡便消失在柳暗花明的各个空间组团里，只有当你漫步其间，才会时不时在某个角落里发现一两个人正在安静工作，而不会被外界的来访所打扰。

10:00

小编正犹豫着要不要冒雨到布置得颇有江南园林意境的露台上一游时，吕永中来了。黑T恤，麻质米色长裤，状极闲散。对于热爱睡懒觉且昨晚又加了班的吕永中而言，这算来早了。进门他便直奔一处别致的半围合空间，长桌边坐定。虽然有自己的办公室，吕永中却不常"驻室办公"。他习惯于坐在这个被他称为"小教堂"的空间里，想想方案，画画图，做些自己的事情。"小教堂"错落的顶棚使日光和灯光不能完全倾斜下来，只透入柔和而有层次的光，整个空间半开半掩，可以封闭起来，门打开又与周围区域通透。员工们有问题就会来找吕永中，有时就直接在这里放投影，开会讨论，"就像个老中医坐堂问诊"。

这两天吕永中挺忙，因为前阵子去巴黎参加了爱马仕的一个全球门店橱窗设计师大会，又闲逛了两天，回来之后一直赶着还之前欠下的不少工作上的"债"，经常要加班到半夜。据说通常不会这么忙。吕永中比较希望把节奏放慢，公司虽然要求打卡，主要是为了测算和控制工时，只要把事情做好，吕永中也不太会去干预员工们在做什么，当然，打游戏不行。

现在唯品同时进行的有三四个案子，有两个比较有趣。一个是在无锡的项目，是一所几进的老房子，就在博古（1930 年代中国共产党早期的最高领导人之一）故居的后面。业主想要在这里做一个高档婚庆服务的场所。基地上，前面的房子有点清代的味道，中间有花园，花园后面的房子又是民国风格，如何演绎这种时代的变迁，让吕永中颇费思量。还有一个别墅加度假酒店的项目位于山东胶州湾，靠近青岛，目前也在筹划中。这个项目占地 2000000m^2（3000 多亩），基地由于自然冲积而形成地势的脉络起伏，其间有很多沟壑，有一个废弃的水库形成的水潭，还有桃园。业主很珍惜这块地，觉得有责任把项目做好，可找了几家设计单位来试过都不满意。吕永中去考察了几次后，觉得如何处理建筑与基地以及建筑之间的关系，是这个项目中最关键的部分。

"我第一句话就对业主说：'不要让人在马路上就能看到上面的房子。'像青岛的海景房和海

的关系更开放；而这里要处理的是建筑与桃花潭似的潭水之间的关系，应该是比较'隐'的感觉。人与水可以有很多不同的关系，可以战胜水，去冲浪，很快乐；也可以很安静地与水为邻、为伴。这里的水很适合后者，可以在那儿看星星、看日出，可以写作，可以钓鱼。我尝试表达从我们的土地里面所生长出来的、和我们的传承有关联的、真正是中国人对自然的一些看法。所以我们一开始就和业主说，坚决不造什么法式、西班牙式的东西，你同意，我们才可以一步步研究下去，而且时间可能会拖得很长。业主也很认可。时间是很重要的。这么多年设计做下来，如果只做一个满足功能，看上去漂亮的东西不难，难的是能不能说服自己，能不能把自己最大的潜质发挥出来。现在信息畅通，网上一查，什么都有。把国外的范式移植到中国来，看上去也很好，可是如果想在技法、细节、思路上有一些突破和创新，只有花时间才能得到。"

10:44

"老中医"既已坐定，果然有员工陆续来"问诊"。负责方案执行的 Orange 搬出解放报业改造项目的模型和电脑，看来要详细"望闻切问"一番。小编问及吕永中是否因为建筑学出身的缘故，比较喜欢做模型来讨论项目而非如常见的对着平面图"纸上谈兵"，他说觉得模型可以令人对空间把握得更透彻，也可以把内容比较清楚地表现出来，让业主更容易理解。

"设计的表现也需要设计。"吕永中时不时会蹦几句古龙范儿的哲理短句出来。"我觉得在做模型上花点时间和精力有助于你对设计的控制。设计无非是把本身的想法研究付诸实践，而且实践要控制好。"

吕永中和 Orange 对着 PPT 和模型开始一个细节一个细节地讨论，从家具灯具等的选择摆放，到整体设计是否呼应解放报业"灵活、健康"的媒体导向，中间还跑题赞叹了一下芬兰家具设计大师库卡波罗的椅子。一般他会在每个提案前期都花比较长的时间来准备，因为"要能说服自己，才能说服别人"，他希望"超乎业主想像"。

11:50

员工们"问诊"告一段落，吕永中开始画图。抽出一张图，吕永中颇为得意地告诉小编，此图已与他女儿进行过深入讨论。"我有时候会把我的设计给我女儿看。昨天我把这张图给她看，她第一反应这是个通道，然后再看：'这是一个人，他的手，他的脚。'我觉得，哎！很对啊！这是一个很深的通道，手像在招呼，要把人引进来，因为这个通道很深，房子在很里面，外面看不到，要有一个召唤的媒介。有时候你苦思冥想，可是置身事外的人一句话，想要说的突然就很明了，所以我很喜欢跟各种各样的人交流、聊天——我们做设计有时是很公式化的，被很多教条或者经验框住了，在框框外面的人反而可以抓到最本源的东西。"

小编听罢心生同情，五六岁的小人儿，就要担当起设计顾问的重任，设计师家的小孩太不容易了！

12:25

M50 方圆 500m 范围内，只有一家吃喝之处。吕永中虽对其菜品和服务都诸多怨言，也还是得去。刚巧这家店最近突然添了些新的饮品，图片都拍得挺好看，吕永中开心地点了一杯绿绿的东西，端上来之后，小编觉得更像水生植物而非饮料，不过实在没忍心说出来。

聊起前不久巴黎的爱马仕橱窗设计师大会，出席的六十几个设计师分成了六个小组，吕永中的设计被推选为他所在组的最佳作品。他的理念和对特殊材料的运用令西方的设计师们感到很惊讶。吕永中说："我喜欢研究材料和各种不同材料带来的感觉。我做爱马仕的时候总是尝试用不同的材料，并通过设计使材料的特性发生改变。比如说，金属的质感通常是很硬的，但用金属材料编织成的软甲就很柔软，改变结构方式，就改变了金属的性格。我觉得目前中国设计比较多的是'应用'别人的成果，自主研发的还是比较少。其实尝试用一些别人已经成熟的材料和空间形式的同时，再植入一些自己的研究成果，中国的设计才会比较有意思，慢慢会产生自己的东西。"

14:10

出了餐厅，迎头碰上某家具品牌的市场人员，约了吕永中和其他几位设计师今天见面，想邀请他们参加一个家具设计比赛。自言"生活中极其弱智"的吕永中其实已经把这事儿忘到爪哇国去了，这时少不得又调头回到了方圆 500m 范围内唯一的那家餐厅兼咖啡厅。

少时，工作室同在 M50 的建筑师陈旭东也来了。午后的 M50，渐渐热闹起来，估计艺术家也都起床了。家具商口若悬河，设计师们态度则比较审慎。

15:38

离开 M50，小雨中，吕永中驾车赶往万航渡路上的“半木”展厅。据吕永中所说，他在开车之道上已达“人车合一”的境界，可以大脑想事，小脑开车，两不耽误，因此小编也就比较放心地在他开车之际问起他对设计比赛的看法。

吕永中认为，国内不少设计比赛往往缺乏清晰而有特色的评判标准。“比赛最本质的是要树立一个导向，主办方要有清晰的价值观，制定有相应法律意义的规则。我们的比赛往往很空泛，随便套用些当代时髦的理念，所以很多老外不觉得中国有什么设计。一个国家能够建立起一套设计评判标准，明晰一套设计哲学而不是空谈，这个国家的设计地位就成立了。比如德国的‘红点’（red dot）设计大赛，实际上是在宣扬他们对设计的观点，传播德国的文化和价值观。日本将其民族文化融入设计，并演绎到极致，让西方人把日本就当作了东方的代表，所以价值观的导向和推广很重要。中国的文化其实是最难传播的，特别是在哲学层面上。可惜，中国创意产业的口号虽然喊得响，却没能树立起真正能代表当下中国状态的价值观和评判体现，政府实实在在的投入还不够，甚至还不能保证最基本的知识产权，只好任‘拿来主义’大行其道。人家说环保我们也环保，有没有我们自己的看法？我们自己的态度？虽然都是东方，中国和日本也有差异。我曾经尝试比较过中国和日本的园林，有相似性，比如东方人都注重人性和灵性，但也有很大差异，比如我们不强调静止而强调发展，日本往往要走到极致，我们更为灵活。这些表象上的差异实际都是生活态度上的差异。我觉得我们现在的设计，包括当代艺术，很飘，没有根。要么就是标榜一些空泛的理念，什么都处理得不好，就随便安个后现代的名字；要么就做些‘假古董’，其实继承传统不在于材质和符号，比如 1960 年代很多房子套用安徽民居的马头墙，但是比例不对，又开了很多窗，马头墙原有的那种体量感、与光影的游戏、岁月留下的斑驳，都没有了。模仿来的，终归你是你，他是他，要重新解构，融为一体，才能应对此时此地的情况。设计的出发点是解决生活的问题，在此之上是建立我们中国当代的设计美学。我们需要的是创造既面向未来，又立得住的东西。”

15:56

“半木”家居品牌的展厅位于中山公园后门附近一所有一百多年历史的老房子里，房子在一个菜场门口，外面是鸡飞鱼跃五色陈杂的禽肉菜蔬，里面却是静谧的灰色，一进去有种时光倒流的感觉。店址没有选在人流量大的地方，因为吕永中觉得会喜欢“半木”产品的人恐怕也不是喜欢逛人潮汹涌的南京路的人。

藏在展厅深处的一间小屋是吕永中的“化外洞天”，因为这里的清静，他常常会在傍晚时过来画图、思考方案，也会带朋友过来聊天，偶尔还有跟着他研究家具的学生过来交流讨论。今天因为下雨，客人不多，雨声使屋内更显幽静了。

创办“半木”，基于一种“不服气”。吕永中说：“我们中国设计并不差。中国设计师群体走到今天，要体验、要反省，现在也应该树立起自信心——不是自比为大师的盲目自信，而是把自己擅长的东西做好。这个自信心的树立，对我们将来树立一套美学标准有很大的帮助。也许我们现在很多方面还没做到位，也许我们的量变还没到质变的地步，但是别为此而放弃。坚持是非常重要的。要开创新的方式，开始总不会变成主流，只要有道理，总会被人承认的。”

吕永中觉得，现在已经是时候发展真正的当下中国原创设计，因为市场、消费者的审美水平和购买力等因素都已经具备，只是没有好的原创产品，才让消费者觉得什么都是外国的好。“我做‘半木’这个品牌，我要做得比那些仿大牌的好，更要树立和推广我的美学、我的价值观。有时人家来说做到怎样怎样，卖多少多少钱，我不羡慕。我觉得各人有各人的价值观，我们现在太容易用金钱去衡量一切，好像卖得贵就高明很多，钱是很重要，但不等于一切。当然，同时我也要努力在商业上成功运作。我觉得没必要把理想和商业对立起来。比如爱马仕，它的理念看似描绘一个空幻的图景，但他们的工作是很务实的，其实务实和理想是相辅相成的。很多人说我乌托邦，毕竟人生短暂，大家不想花时间在可能没结果或者前景不明朗的事情上，这也是中国的现状。但是，我觉得人要看得远一点，不能只看眼前；看得远的同时，还要一步一步走。我做这件事，就是失败了，也算实现自己一个愿望，也会给以后的人一点方向，至少他知道这条路可能不对。我现在心态放平。不管外物怎么变，把我们的理解放在第一位。我不急于要得到某种认同，得到了我就可以去干什么，多数人是为了要去干什么的。”

前不久，吕永中偶然间在一家家居店发现，“半木”的一些产品居然已惨遭“山寨”！这对他来说是一个很大的挑战。“如果知识产权不能保护，原创还有什么意义？其实我们的产品现在基本还没有推向市场，面向的客群也是非常窄的，一旦我响应某些功能的要求，把产品推向市场，别人的抄袭对我来说就是大问题了。我曾经想过就这样小众化，但是一位顾问觉得不能这样，反而要尽快和大众有沟通，否则产品渐趋成熟，家具行业内一些厂家可能很快会把成果拿去用，最后可能会导致别人看了我们的产品还以为我们是抄的。”

17:36

傍晚的菜场热闹异常，从半木那种冥想般的气氛中出来，会觉得尘土扑面而来。把摊子摆在路中间的菜贩如我们来时一样，挪动摊子让车出去，灵活机动，互不妨碍。吕永中笑言很多人称赞这个菜场货品丰富，来看家具还能顺便稍点特殊的小菜回去。小编想起展厅开幕那天晚上，门外或站或蹲聚集了不少看热闹的菜贩和居民，中外来宾“跋山涉水”，进过N次问路终于摸索进漆黑的大门，现场完全是一幅行为艺术的景象。

17:58

回到M50没多久，研究生带了吕永中即将去北京做讲座的讲稿PPT来讨论。“吕老师”跟“吕设计师”的风格差不多，都蛮随和的，学生在他面前是相当地放松。

看了一遍，吕永中对排版的意见比较多。“版面要干净，同时也要引人入胜；不能过度，也不能乏味。我们好歹也是做设计的，教案也得有点设计感嘛。”

18:45

学生走了，吕永中也要继续加班‘还债”了。在四周暗而且静的空间衬托下，‘小教堂”的微光有种仪式感。不知今天也能否为各个问题都找到切入点，又或者尚未明确，大脑装着问题，小脑开车回家……

重生
2009 年 MAISON&OBJET 巴黎家居装饰博览会

撰　　文 | Vivian Xu
资料提供 | MAISON&OBJET

今年 9 月 4 日至 8 日，在巴黎北郊维勒蓬特展览园举行的 MAISON&OBJET 巴黎家居装饰博览会，再次吸引了众多法国及来自世界各地的参展商和参观者。作为欧洲唯一一个提供高新技术和独特产品的国际化展会，本届展品类别涵盖广泛，前来参观的外国观众人数显著增长，据主办方统计，共有 3144 名展商汇聚一堂，在高达 $123774m^2$ 的净展区面积上竞相呈现各自的最新产品和设计。共计 71914 名国内外专业观众和记者参观了展会。

经济危机的话题尚未退下余温，那些时尚或概念设计多少都褪去了几分惯有的趾高气昂，孤芳自赏的大师们终于低下头重新审时度势，家居设计亦是如此。此次，展会回归了“创意与实用兼顾”的本源，这也让更多的展品具备更高的可参考性。

今年年初，春夏季的展会发布了色彩论，认为在金融危机的大背景下，色彩是治愈的一剂良药，如今秋冬展会的趋势预测更是以“再生”(ReGeneration) 为主题，以人为本，分别从人体 (Body House)、愉悦 (Delight) 和感官 (Sense Fiction) 三部分来阐述了主题。潮流观察家 Vincent Grégoire 认为，在经济危机发生后，人们希望被保护、被包裹，设计师于是受自然界所启发。

在此宏大的理论支持下，今年的展会的各展区确实有许多洋溢着自然主义的产品。自然主义在任何时候都是不落伍的时尚，当下人居环境的日益恶化、生存的压力、对于自身与自然行为的反思、奢靡物质后的返璞归真……设计师们开始重新考虑人类与家具的关系。除了舒适性、功能性、标志性等需要外，家具还要满足更多的情感因素。带有自然主张的产品，在 2009 年的展会上掳获了众人心扉，除了纯粹的自然表现外，还有着一种精致与粗糙的对立美，水晶与干燥的木枝、奢华的绒织物与纹理冷峻的墙面质感、纯金属质感的桌椅与树皮状的墙面装饰、华丽的灯具与粗线条的再生材质、粗陶质感的浴缸与璀璨的宝石光芒……都在对比中成就了一种新的生活气息。

整个展会其实还是承袭了简约的风格，也正暗合了大会“简生活”的主张，只是现在的产品更削弱了以往带给人的距离感。在简约风格的大框架中，设计师加入了一些柔情元素，在材质上做了少许“看上去、使用时更舒适”的改变，在装饰方面更贴近生活，而不是过分注重夸张的表演。简约风格的家居设计在 2009 年的展览上看起来更有生活气息，简单而温厚，像一个平和的绅士，在历经时间的磨砺后，有了更本质的发自内心的温柔和更实质的体贴。

此外，位于 scènes d'intérieur 展馆的“来自南美洲的创意”(Les Talents à la Carte) 也是展会的亮点所在。南美洲是一个充满着反差和希望的次大陆。推动着艺术和工艺生产的极具活力的创意促使 MAISON&OBJET 汇聚这个庞大的文化领域中一些最有前途的人才。来自三个国家的六位设计师在 2009 年 9 月博览会 scènes d'intérieur 馆展示了植根于当地传统和当代启示所诞生的辉煌。墨西哥、秘鲁、巴西展示天才设计。

据悉，2010 年春夏季的 MAISON&OBJET 巴黎家居装饰博览会将于 1 月 22 日至 26 日依旧在巴黎北郊的维勒蓬特展览园举行。END

关键词：人体（Body House）

策展人：François Bernard

“人体正成为一种灵感源泉，”潮流观察家 François Bernard 说。他认为人体在西方社会一向是关注焦点，从有人冒险整形、有人痴迷健身就可见一斑，但直到最近才被广泛运用于艺术创作领域。

以人体造型创作艺术作品的先驱者之一当数英国著名当代艺术家达明·赫斯特。他 2007 年创作的《献给上帝之爱》以真人骷髅为模型，采用 2000 余克铂金和 8601 颗钻石打造。作品仅原材料成本就超过千万英镑，赫斯特同年宣称，这个铂金钻石骷髅以 1 亿美元高价售出。

设计师们随后纷纷根据人体各部位造型，设计日常生活用品。

Q 这次你对明年流行趋势的预测是人体灵感，这一预测是非常出人意料的，可以告诉我们原因吗?

A 如今的我们都是非常敏感的。我们的时代精神也是以人为本，尤其是在家——这个私人的空间中。我想，最令人乍舌的应该是产品的选择，这比之前的展览都更加先锋前卫，更加坚定地使展会走上了未来派的道路。

Q 前些年的海湾战争令我们目睹了一系列以人体为主题的设计，如茧状的设计以及一些胎儿的形状。你此次所预测的现象与它们是一样的吗?

A 不是，这是完全不同的。它们所指的设计是更符号化，具有抽象意味的。而此次的人体主题是从一个更基本的层面，相对前些年的人体主题会更加物质化，即指人体的形状、材料和肌理等。这次的展览会令参观者们都非常好奇，犹如进入了一个超未来的世界，展品都令人局促而不安，如模仿纹身皮肤的乳胶垫、大脑形状的灯等。但对年轻设计师来说，对人体的研究正成为他们研究的焦点所在。

Q 在你的概念中，人体灵感的设计更多的是对社会性的批判吗?

A 这是非常友善的、温和的性感的趋势，而且会更加的舒适。这一趋势是非常明显的，展区的标题就是“人体屋”，主打沙发、扶手椅的表现方式令这一趋势更加明朗化，也更加令人愉悦。

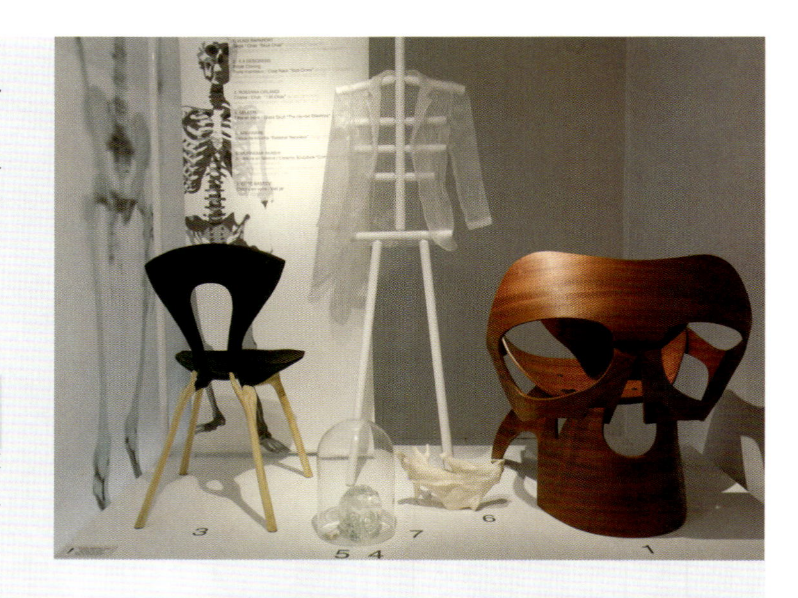

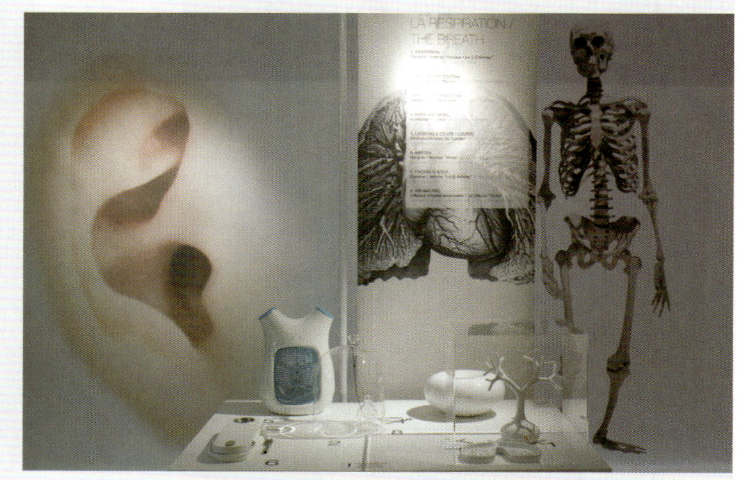

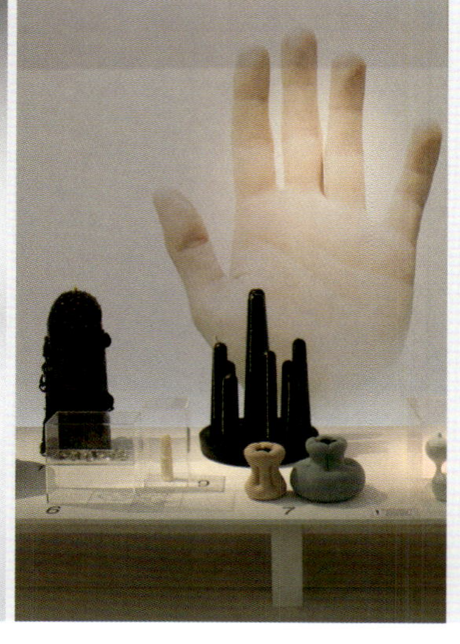

关键词：愉悦（Delight）
策展人：Elizabeth Leriche

Elizabeth Leriche 为这一展区诗意而轻快地署了名，她说："为了从沉重的环境中释放出来，我们需要一些脆弱的、柔和的、舒缓的物体。" 这是科技的观点，容纳那些无足轻重的东西，诉说那些小到了几乎忽略的东西的历史，如同这套灯饰，是昙花一现的、发光的，可以符号化照亮世界的符号。

Q "重生"对你来说意味着什么？

A 我们所处的社会正经历着一场完全的变革，这意味着我们需要学习不同的消费方式。我们必须从人性、精神层面的基本需求着手重新开始，有时甚至建立在更少的标准准则上。这是一种复兴，令我们重新学习如何生活得不同。

Q 你选择愉悦，为什么？

A 今年1月份的时候，我认为颜色和几何形体会对当下的社会起到最好的疗效，我的目标是更诗意、更灵活。柔软的织物往往能令人们的情绪平静。我也喜欢从一些细节来阐述我自己的观点，比如这些小物件和蒲公英灯等……这些都令我们仿佛进入了一个新的世界中。

Q 你多次提到诗意，您是否认为诗意已从当下的社会消失了呢？

A 不是。自从我们产生梦想逃避嘈杂环境的想法时，我就希望我的室内设计能带给人们更温暖的感觉，并唤起一种诗意的氛围。

在经过了一些年的设计工作以后，类似于饼干的脆弱的瓷器，所有这些外在形式都是空的、轻薄的。与沉重的地心力相比，我们试图减轻重量，我们给了世界一个明朗的、诗意的版本。

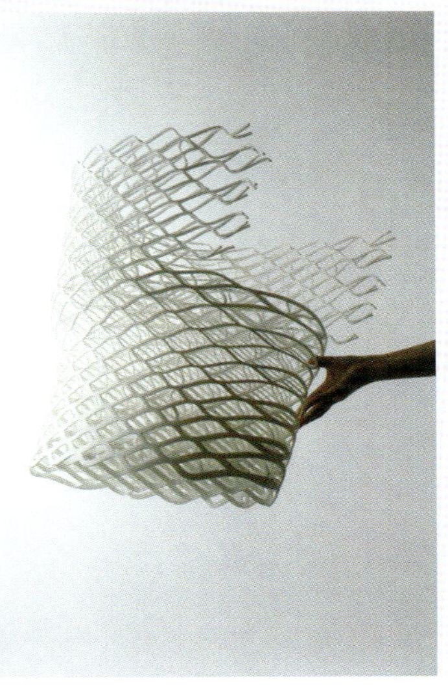

关键词：感官（Sense Fiction）
策展人：Vincent Grégoire

除了人体以外，自然和生命形态也对设计师产生重要影响。“在经济危机发生后，人们希望被保护、被包裹。设计师于是受自然界所启发，”潮流观察家 Vincent Grégoire 说。这届展会上一些作品呈现出现代高新技术与朴素自然的和谐统一。譬如设计师菲利普·斯塔克设计的住宅呈子宫形状，住宅顶部覆盖着一座空中花园，而住宅的微型庭院则可以按需移动。一名年轻的荷兰设计师将蒲公英连接入发光二极管电路，制造出柔和的自然光。“人们希望亲近自然，亲近真实，亲近过去，”建筑师文森特·范杜伊森说，“人们为纯净所吸引。”

Q 对你来说，长期的重生意味着什么？

A 在某种程度上，经济衰退是种机遇，它赋予了我们改变的机会，剔除那些陈旧的元素，重新启动整个系统。而这并不仅仅是个经济论断，这其实是个社会论断。

Q 你是指新能源和科学技术能为我们带来更好的世界，但这一论断如何能实际运用在家庭部分呢？

A 这几个月，我们已经研究了许多有趣却非常重要的问题。在机遇论一说中，有两部分人正在寻找未来与明天，那就是女人和老年人。更简单地说，传统意义上的高级概念的地位正在降低，而当代或者现代的物体和家具正越来越受到重视。怀旧已经是个过时的概念。

技术同时也正变得越来越软性，在厨具物件中，触感与器皿的内部都是可视的。而就照明产品而言，现在许多灯具都使用了离子发射器，所以当我们打开灯时，这时的亮度在色谱上接近白天的标准。

过往对技术的妖魔化形象如今正被赋予了母性的宁静设计形象。

Q 你所谓的“感性的工程学”是什么意思？

A 在以前，我们家庭中关于工程方面的印象都是非常男性化的，家庭的自动操作技术也都是为男人使用而设计的，或者说是非常冰冷的。但我们新一代的设计师对技术概念正发生了质变，他们正试图结合生物、化学甚至是烹饪学问等多方面技术，创造出更为生动的产品。

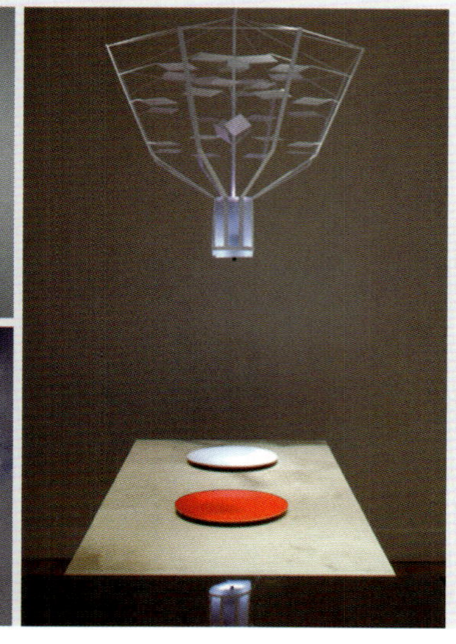

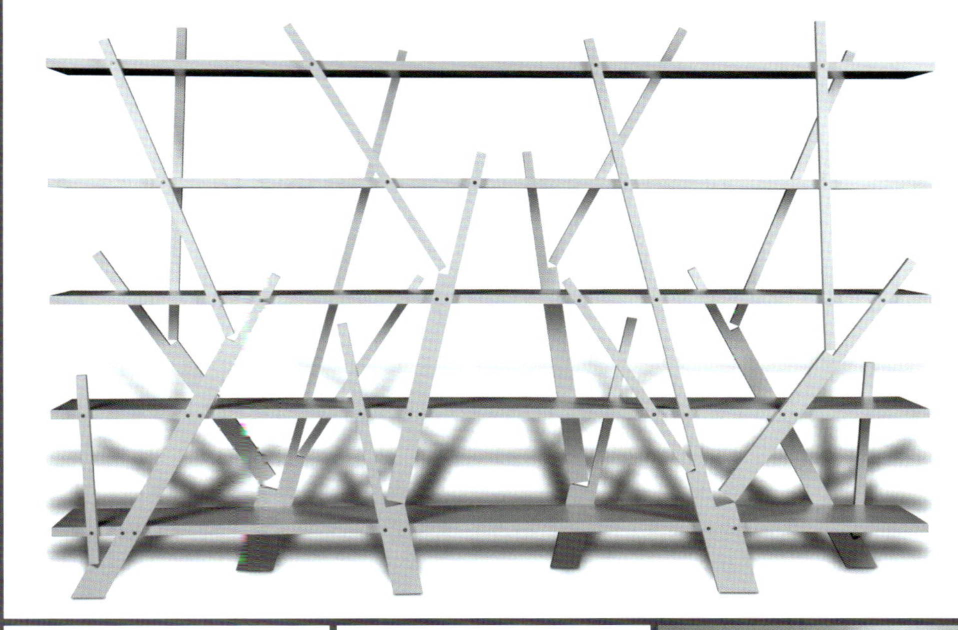

Paulo Alves

巴西

对于 Paulo Alves，木材是一种一直延续的灵感来源。在圣保罗工程学院的学习练就了他的绘图能力，而在 Lina Bo Bardi 建筑事务所的实践使其日臻成熟。2004 年，在完成如圣保罗工业宫修复的重大项目后，他决定独立出来。

这位艺术家又成立了"木工圣保罗"。这个"细木工"是专门致力于合格和循环再造木材的家具生产。他使用 FCS 的木头制作椅子（FSC，国际 Stewardship 木业委员会），这些木头都是稀有产品。他的作品界于诗意与抽象感之间，工作的奇异性充满了挑战。他的"作品""Cercadinho"自助桌子，特别赢得了 Planeta Casa 大奖。

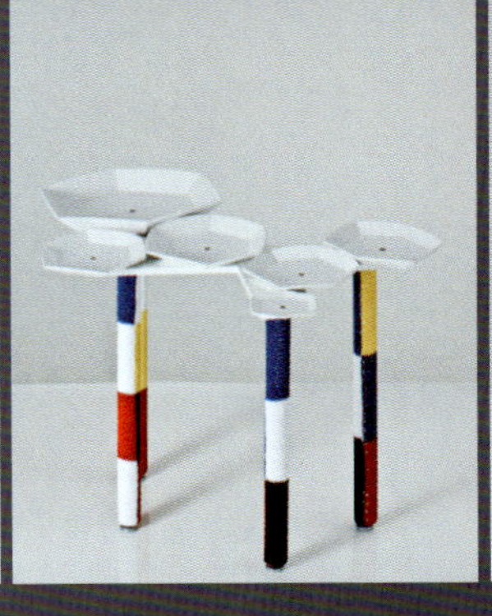

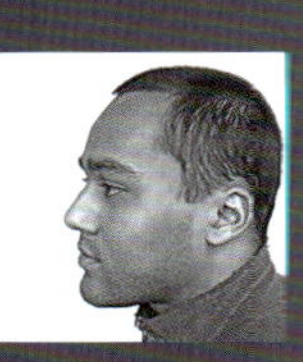

Rodrigo Almeida

巴西

圣保罗，他的家乡，Rodrigo Almeida 保留了混合、再生和改良的感觉。他的工作，从不缺少展现 Campana 坎帕纳兄弟的感觉，旨在从日常物品和工业边角料中创建新的审美标准。他的做法使他创造出既理性又传达一个明确的情感力量的作品。他在艺术的边缘实现自己每一个作品的原型，并设法达到艺术创作和设计最高的境界。

Joel Escalona

墨西哥

作为年仅 23 岁的设计师，Joel Escalona 已经找到了他在世界上的设计地位。他喜欢通过他的作品讲述混合民间参考和当今世界反响的故事。这是他创作的动力源，他的花边碟子像墨西哥舞蹈演员飞舞的长裙，亦或如翘曲在桌上墨西哥人爱吃的主食塔科（TACO）的形象。当他设计吧椅的时候，他选择仿香槟酒杯的形状，当为图书馆设计椅子的时候，他选择一个倾斜的或旋转的 DNA 链的造型。

这种给予作品以生命的能力特别吸引了众多的竞赛评委，而且他也成了 HeWi 集团的合伙人。作为新生代设计师，他现在已经经营自己的工作室，并实现更多的惊奇。

El Camino

墨西哥

1996 年，Véronique Tesseraud 为支持 Chiapas 恰帕斯州的纺织工人成立了 El Camino 协会。在法国设计师的志愿帮助下，新品不断诞生。这些设计交织了当代灵感和玛雅（Maya）纺织品遗产的启示。对古老的植物染料大量的研究工作使传统与现代感和谐混合一起。

根据公平贸易的原则流向法国和墨西哥市场，这种生产使 150 多名妇女通过行使其祖先的专有技术而获得体面的生活条件。

Carpet Cabuya
Sheep's wool
1.20 x 1.60 mts.

Cushion Damero
Sheep's wool
0.43 x 0.45 cmts.

Katherine Quevedo Galvez

秘鲁

Katherine Quevedo Galvez 从研究绘画艺术和艺术史开始她的设计。自2007年以来，她积极参加由旅游和贸易部发起的手工业发展项目。与本国的手工业者和艺术家一起，她的作品以植根于植物、动物和前哥伦布文化的启发更新传统思想。她那来自于国家传统遗产的灵感，令当代设计和创意无限的自由气息洋溢勃勃生机。

Maricruz Arribas

秘鲁

从点滴的小物件做起，Maricruz Arribas 不断创造自己的作品。这位当代艺术家，她的绘画和雕塑一样著名，在她工作过程中积累起使用普通材料的经验。她的方法是通过日常生活的灵感，唤起诗意和任何令人惊奇和着迷的魅力。

设计梦旅
DESIGN TRAVEL

撰 文 | 徐明怡

2009 MAISON&OBJET 秋冬巴黎家居装饰博览会于9月4日至8日在位于巴黎北郊的维勒蓬特展览园擂鼓开演。作为欧洲三大著名博览会之一的巴黎家居装饰博览会最大的魅力是常变常新，及时展现国际装饰市场的最新动态。此次，《室内设计师》作为国内第一本应邀参展的专业室内设计刊物，在展会中开辟了展示中国当代室内设计以及中国当代设计类读物的窗口，并取得了良好的反响。同时，我们还联合IBBS网站组织了来自全国各地的设计师参观了此次展会，并组织了与法国设计公司Carlin Group的交流活动，增进了中法设计师之间的沟通，为日后的合作打下了坚实的基础。

《室内设计师》的展位位于展厅中央位置5B展馆，该展区是专门为行业人士提供高端解决方案的MAISON&OBJET Iprojetsi展区，来自世界各地的建筑师、室内设计师、项目经理、酒店都会为了某个问题来到这一展区，寻找解决问题的方案。展会中，许多国外设计师、产品商与媒体同行都对中国设计和中国设计市场产生了极大的兴趣，并给予了《室内设计师》很高的评价。来自意大利的设计师Peter对我说："我从很多欧洲杂志看到了中国许多称为建筑奇迹的大型项目，但没想到中国还有那么多优秀而细腻的设计项目，我非常喜欢你们杂志报道的内容，也非常喜欢你们杂志前卫的设计，希望以后能在我们国家看到英语版的出现。"

面对这场从各方面来说都够格的家居压轴大戏，参观展会的设计师们在眼花缭乱之际，捕捉着最新的风向指标。而他们也在展会那将传统与现代反复排列组合的手法变换中，培养着自己的鉴赏力。参观展会的设计师们普遍反映，与国内的家居类展会相比，MAISON&OBJET巴黎家居装饰博览无愧是国际性大展，在这里不仅看到了许多新鲜的创意，为自己的设计带来了灵感，同时也为许多设计上的困惑找到了解决方案。

《室内设计师》还组织了设计师参观法国顶级设计公司Carlin Groupe的办公室，并与该公司的执行董事Edith Keller女士及主创设计师进行了面对面的交流。巴黎是著名的世界时尚之都，无论是巴黎的室内设计师还是建筑设计师抑或是时装设计都对色彩与流行趋势有着异乎常人的敏感度，而这也是法国当代设计的精髓所在。我们希望设计师们可以通过我们的平台，拓宽设计思路，学习国外先进的设计方法。秉着这一想法，我们并没有选择拜访当地的室内设计公司，而是选择了已有20余年历史的专门从事时尚趋势研究的Carlin Groupe设计公司作为交流对象。

Carlin Groupe的公司位于巴黎市中心的一座老建筑中，但进入公司后，一座鲜红颜色的楼梯就映入眼帘，也许，这样的搭配正是他们对色彩把握的自信所在。我们的交流活动是在二楼的会议室举行，Edith Keller与她的同事热情地招待了我们，开始了2个小时的交流介绍与互动。

Carlin Groupe涉及的领域不仅包括室内设计领域，还有家居、服装等多个领域，对他们来说，预测每季的色彩与形状的流行趋势就是他们的工作。像扎哈等国际顶级建筑师也是他们的老客户，他们会向Carlin购买一些最新时尚流行研究成果，以这些时尚最前沿的报告来刺激自己的设计灵感。参与交流的中国室内设计师对这一新鲜的设计模式均感到受益匪浅，希望能与Carlin Groupe在将来有更多的交流与往来。

旅行，是设计人甘冒身心劳顿之苦却又乐此不疲的宿命。近年来，设计旅行的风潮在逐渐传开，这次，来到法国的中国设计师们就乘着展会结束之余向现代主义大师勒·柯布西耶朝圣，一心只为体验大师呕心沥血的旷世巨作，如萨伏伊别墅、朗香教堂和拉图雷特修道院等。而这样的实地考察，也正令往日仅存在于书本中的设计灵动了起来，真正达到了学习观摩的妙用。

这些零碎的片段正是《室内设计师》为广大设计师们编织的一个个梦想，《室内设计师》以"室内设计师的良师益友"为目标，始终努力地为设计师们编织一个又一个美好的设计之梦。END

杨明洁获 09 年度德国红点设计奖

继获亚洲最具影响力设计银奖后，产品设计师杨明洁为瑞典绝对伏特加所设计的苹果梨口味双瓶装再次从全世界 42 个国家的 6112 件参赛作品中脱颖而出，勇夺 2009 年度德国红点设计大奖。这也是自 02 年荣获德国红点概念金奖后，杨明洁第二次获此殊荣。

作为此次获奖作品，在增强品牌识别性、减少资源消耗、方便用户使用、关注环保回收等方面获得了评委的认可与赞赏。

德国红点设计奖（Red dot Design Award）自 1955 年至今已有超过 50 年的历史，是全世界最顶尖的设计奖。每年的红点设计大奖得奖作品都将在位于埃森的德国红点设计博物馆展出。

设计师杨明洁曾任德国西门子设计总部产品设计师，2005 年创办杨明洁设计顾问机构，是目前中国最具影响力的产品设计师之一，囊获了包括红点在内的十多项设计大奖。

比利时将建 “Waterwalk” 可持续城市复兴计划

Waterwalk 工程是一个占地 30hm² 的可持续城市复兴计划，被结合在布鲁塞尔更广泛的更新战略之中。其目标是重新组织城市脉络，将城市主要的逻辑区域向外扩展，并改造市中心的棕地，使之适应城市社会生活的发展，减少交通的二氧化碳排放和交通公害等。

复兴计划将专门改造 Senne 河和运河两岸的工业地带。通过运河散步道和新的桥梁将周围区域的城市连结在一起。整体性的环境和以人为本的生态工程方法，将有助于各种住宅项目实现社会多样性，并提倡公共交通，设立新的路径，减少污染。例如，修建散步道、自行车道、电车轨道、巴士线路、运河渡船并改造附近火车站的连接线。

通过共享环路上的功能交换可减少取暖和制冷所需的能源。这个环路同时由地热和运河水交换器来供给，热水供应得到附近现有的废水处理厂的辅助。该项目还通过阳光的收集和运河风力发电厂来产生可再生电能。场地上的废水在经过生态处理后可以再次使用，河水也因此得到净化。地表渗透性得以恢复，绿色屋顶和绿色走廊等实现了生物多样性。分阶段自然肥沃将恢复土壤肥力，防止污染。

实验性的可再生能源技术将用于教育、研究和培训，包括太阳能、风能、生物能、地热和燃料电池技术，减少灰色能源的使用和废物排放，并通过运河和铁路实现材料、预制件和交通的流转。

该项目将提供 30 万 m² 的住房、5 万 m² 的零售空间、文化体育设施和公园、会议和公共行政服务设施以及城市照明工业建筑和基础设施等。

芬芳春蕾小学将开学

512 汶川大地震导致成千上万的人们丧失了生命，流离失所，14000 所学校被毁坏，介于此，在华的芬兰社团自发组织成立芬芳援建四川小学项目。该项目还得到了有 20 多年在中国偏远地区援建学校的经验的独立慈善机构“中国少年儿童基金会”的大力协助。

希望小学建在成都郊区以北的桂园村，可容纳 250 名学生，该项目旨在给未来数以千计的孩子的生活带来长远的积极影响。捐助资金将 100% 用于实际施工建筑。所有行政协调工作都由自愿者免费提供。贝利公司将委派其公司的专业建筑人员在当地 24 小时监督施工，作为公司捐助。

该项目得到了芬兰驻北京大使馆，以及众多志愿者的支持，同时也得到了 30 多家企业，近 100 个个人的捐赠。该项目期待您的支持和加入，让我们共同的梦想得以实现！

第十五届中国国际家具展圆满举行

2009 年 9 月 9 日，由中国家具协会和上海博华国际展览有限公司联手打造的第十五届中国国际家具展览会在上海新国际博览中心隆重开幕，展会持续了 4 天，于 9 月 12 日圆满闭幕。

今年正值金融危机年，家具行业渐露重新洗牌格局，国家和地方家具协会纷纷出台各种政策试图引导家具行业在逆市的顺利转型，因此本次家具展更成为了年内整个家具行业最大的关注焦点。不但规模和数量都突破历史之最，展示规模突破 40 万平方米，参展企业数量突破 2300 家，各展商更带来数以万计的新展品，这无疑将本次展会推向成为史上规模最大的一次家具饕餮盛会。

其中办公家具在本次展会中成为一大后起之秀。同期，由主办方和红星美凯龙联合合作“第十五届全国家具展览会暨秋季订货会”“2009 红星美凯龙全国经销商大会”也因其首次举办而尤其值得业内关注。

BEX Asia 亚洲建筑博览会 2009

BEX Asia 亚洲建筑博览会 2009，连同首届新加坡国际绿色建筑大会将于今年 10 月 28 日至 30 日于新加坡新达城会议中心隆重举行。BEX Asia 亚洲建筑博览会是为期 3 天的商贸展，让建筑公司在环保及可持续发展的大前提下，展示绿色产品及服务、交流知识与良好作业典范、于区内建立营商网络。去年举行的首届 BEX Asia 亚洲建筑博览会开幕仪式录得约 4000 名访客参与，当中约 3 成为来自海外的访客；而即将举办的 BEX Asia 亚洲建筑博览会 2009 将聚集一众建筑业界专业人士，预期出席人数将超越上届，刷新成绩。

目前有超过 100 间区内主要公司企业已落实参与是次展览，其中包括来自中国、日本、马来西亚、新加坡、台湾，远至德国、意大利及美国的展商。“尽管目前经济气候不景，私营或公营企业仍十分注重可持续建筑发展。”励展博览集团总经理林春凤女士表示，“今年博览会参展商的数目较去年有明显上升，当中包括不少绿色公司。它们致力提高绿色建筑的认知度及推广使用绿色产品，从而达到可持续及减低成本的未来建设方向。”

今年的博览会的另一焦点为第一届新加坡国际绿色建筑大会。由新加坡建设局筹办的第一届新加坡国际绿色建筑大会，主题为“建设绿色未来・就在今天”，将与 BEX Asia 亚洲建筑博览会 2009 同期举行。

“德国周”暨中德当代艺术展开幕

9 月 18 日至 9 月 28 日，大上海时代广场第八届“德国周”盛大开幕。最前沿的德国尖端产品灵感登场，最富创造力的中德当代艺术家力作联展，在关注创意的基础上呈现德国在商业、科技、时尚等多个领域的成就，全面展现中德两国文化的重叠和复合，寓意深刻，共享人类美好未来。2002 年至 2008 年，连续七届，大上海时代广场的“德国周”早已成为淮海路乃至整个上海每年金秋时节的品牌人气活动。本届德国周将云集保时捷汽车、中欧房车、西门子家电、博世家电、欧司朗照明、欧特家博士食品、阿本布鲁特食品、不莱梅市政厅酒窖等多家德国著名企业。观众可在商场露天广场及 1 楼中厅欣赏到各品牌旗下融科技、创意和人性化于一体，并富有设计感的最新产品。点点滴滴的传统德国元素，仍将为上海市民还原最经典的德国印象。

本届德国周新增“中德当代艺术展”之版块，以二战后欧洲艺术史上最具影响而又富争议的重要人物约瑟夫・波依斯的名言“人人都是艺术家”为缘起，提倡让艺术从对才华和唯美的追求走向包罗万象。9 月 18 日至 10 月 12 日，“中德当代艺术展”将云集来自德国的飞苹果（Alexander Brandt）、麦克尔・沃尔夫（Michael Wolf）、柯罗夫（Rolf Kluenter）、鲁本・ 塔尔贝格（Ruben Talberg）以及来自中国的卜桦、陈航峰、胡介鸣、计文于等 20 余位活跃在中德当代艺术最前沿的高才，以装置、绘画、新媒体等艺术形式，将波依斯的理念表现得淋漓尽致。

科勒青岛旗舰展厅开业典礼

2009 年 8 月 3 日，作为全球百年经典卫浴品牌的科勒携带其先锋艺术设计理念和精湛工艺落户青岛，为中国本年度“最宜居城市”更添艺术氛围，打造精致奢华生活。

展厅坐落于青岛市辽阳东路 16 号海尔东城国际，总面积达 1000m²，共分两层：一层由 SPA 体验区和科勒旗下奢侈卫浴品牌 Kallista 展区组成，营造出一派平和宁静的精致氛围。二层则是由不同风格的主题套间展示组成，包括以丰富的细节和无可比拟的复古风格展现奢华魅力的梅玛套间，以设计与功能独树一帜，体现现代主义风格的费丽兰套间等 15 间精心营造、风格迥异的展示套间。

科勒家族第四代传人劳拉・科勒女士在出席此次开业典礼时激动地表示，“希望科勒能与青岛这座中国最宜居的城市交相辉映，以前卫时尚的先锋产品、艺术化的风格与丰富的色彩满足消费者的个性需求。”

Club Med 进入四川

遍及全球5大洲，30多个国家，拥有80多个度假村的全球最大连锁度假品牌Club Med（地中海俱乐部），今年夏天把其“畅想天地，欢乐无界”的度假理念传递到中国西南最主要的城市——成都，成为其中国梦想第四站，更为其在中国的业务扩展翻开了全新篇章。

作为度假行业的先锋高端品牌，Club Med自2003年进入中国后，分别在上海、北京以及广州开设代表处，此次进驻成都更是表明其对于中国西南出境游市场的信心。中国的旅游业也在近年为呈现欣欣向荣的发展势头，越来越多的民众从原本的纯目的地游览观光的旅行观念，渐渐转变为对旅行实质的关注，逐渐舍弃“走马观花，劳心伤神”的假期安排，而投入进充满人性关怀，身心放松的欢乐丰盛之旅。恰恰符合了Club Med近60年来鼓励和推行的“畅想天地，欢乐无界”的生活方式。而以成都为代表的四川地灵人杰、风景秀美，成都人表现出来的休闲意识与生活热情可以在Club Med的度假体验中找到生活的延伸。

2009 中瑞水论坛在沪召开

6月4日下午，由瑞士驻上海总领事馆主办的“2009中瑞水论坛”在上海隆重召开，中瑞双方就两国在水利领域，特别是水资源处理、保护、可持续发展等方面的经验与成果展开多方位的交流，以此进一步加大这一领域的合作。瑞士驻中国大使顾博礼、中国水利部副部长胡四一、瑞士联邦环境署副署长安德里亚斯 · 高茨、上海市人民政府副秘书长尹弘出席本次论坛并致辞。

“2009中瑞水论坛”的举办为参展的中瑞顶级水处理企业提供了一个深层交流的平台，在展示先进的水处理产品、技术及解决方案以外，双方还将深入探讨这一领域的发展趋势和前景，共同推动中国水利事业的发展。本次论坛特别安排于6月5日“世界环境日”前一日举办，从一侧面阐释了今年“世界环境日”应对气候变化的主题。“水资源的保护和利用对于气候变化有着重要的影响，使得本次中瑞水论坛与世界环境日的结合显得意义深远”，瑞士驻中国大使顾博礼表示，“瑞士希望与中国进一步展开应对全球气候变化的合作。瑞士企业将会积极参与到这一合作中，为中国水利事业的发展做出贡献。如果诸位想进一步了解瑞士在水资源处理和保护方面的情况，欢迎明年来上海世博会瑞士国家馆，相信大家会有更多的收获。”

卡地亚珍宝展开幕

2009年9月4日下午，“卡地亚珍宝艺术展”在故宫博物院午门展厅揭开帷幕。展览从2009年9月5日持续到11月22日。

从卡地亚艺术典藏系列数千件珍品中精选而生，本次展出的346件展品都是从品牌创立伊始直至20世纪70年代的代表之作。这些奇珍异宝与历史留存尽显“皇帝的珠宝商，珠宝商的皇帝”的极致魅力。在这些美轮美奂的展品中，不乏众多从古老东方世界撷取灵感的历史佳作，反映出中国文化对西方装饰艺术源远流长的浸润与影响。

本次展览是卡地亚继2004年在上海举办该系列展览之后，再次来到中国。据悉，卡地亚艺术典藏系列展览活动已有25年的历史。世界众多顶尖博物馆都曾力邀其展出。此次，走进故宫博物院的“卡地亚珍宝艺术展”，更将是这场世界艺术交流的扩展与延伸。

“库诗”首家旗舰店开业

欧式时尚家居设计和生产企业“库诗”在虹口区开设其在上海的首家旗舰店。选址于设计创意中心1933老场坊的一楼。这次旗舰店的开业标志着“库诗”品牌第一次进军中国零售市场。而在此之前，“库诗”品牌已经拥有15年在中国设计、制造和出口家居用品到欧陆的历史。源自荷兰的“库诗”品牌，已在众多国际都市开设分公司，其商业足迹已遍布上海，宁波，新加坡，胡志明市和阿姆斯特丹。

“库诗”将以引人瞩目的现代欧式时尚家具展示作为全新起点，对现代家装提出一整套解决方案。“库诗”品牌旗下的热销产品包括设计精美的桌椅，沙发，衣橱和地毯。店内陈列的产品富有创造力地使用了中国的榆木、进口的欧洲橡木、美国红橡木、以及再生木料和天然面料。这种既环保且融合了当代设计特点的家具体现了“库诗”品牌对产品质量和品牌个性的注重。不仅如此，“库诗”品牌的零售业务也与许多高端的家居品牌联手，为你打造一个富有设计感的家园，这些品牌包括：“Marlise”（环保漆），Imondi（设计师地板），Faux（奢华的兽皮地毯和靠垫产品），以及Esprite Nomade（巴厘岛的床上用品）。

中国（上海）国际时尚家居用品展览会 法兰克福家纺展

第三届Interior Lifestyle China－中国（上海）国际时尚家居用品展览会将于2009年11月11至14日在上海展览中心举办。作为中高端家居用品业发布新品、展示前沿设计理念的优质平台，今年的展会吸引了众多厨具名品的目光。今年首次确认参展的厨具品牌包括Berndes（德国）、Green Pan（比利时）、Le Creuset（法国）、Swiss Diamond（瑞士）、Domo（意大利）、Paul Wirths（法国）及OQO（法国）等。

世界著名厨具品牌Le Creuset于今年首次加盟Lifestyle China，Le Creuset上海分公司总经理Troy Shearouse先生解释说：“我们公司生产的铸铁珐琅厨具在中国市场受到越来越多消费者的关注，对此我们很满意。参加这个展会可以更好地展示我们的产品并进行新品发布，而且可以得到我们潜在客户及时的意见反馈。”

此外，中国连锁经营协会将首次受邀成为展览会支持单位，邀请下属会员单位共同参与今年的展会。该协会是中国连锁经营领域唯一的全国性行业组织，共拥有企业会员800家，连锁店铺16万个。

中国配饰设计高峰论坛在沪举行

由中国国际贸易促进委员会纺织行业分会、中国家用纺织品行业协会、法兰克福展览（香港）有限公司联合主办，科普兰德公司、科普兰德设计师俱乐部承办的“极致饰界——中国配饰设计高峰论坛”在上海新国际博览中心成功举行。来自华东地区室内、配饰、家纺设计领域的一百余名精英设计师参加了此次论坛。到会设计师表示，配饰与家纺设计是室内设计的一个重要分支，它不仅使室内设计在空间、环境、文化、美学、行为、意识、价值等方面趋近完美，而且为个人、家庭、群体、社会创造和谐、有序、持久的居住氛围，通过此次活动获益很大。

2009 年中国当代艺术奖评论奖作品征集邀请

中国当代艺术奖（CCAA）是由瑞士收藏家、前瑞士驻中国大使乌利 · 希克创办的私人性质的基金会。该基金会旨在通过表彰那些在艺术创作中表现出优异才华的中国艺术家及艺术评论人，达到推进中国当代艺术创作事业的目的，同时也进一步培养这一活跃领域的参与者，给予一定的研究资助，鼓励他们深入研究中国当代艺术。

本届CCAA面向主要在中国生活和工作的人群，诚意邀请在中国当代艺术现状分析评论方面有独创性的有识之士不吝赐稿，截稿日期为10月31日。沿袭惯例，CCAA将给予获奖者10000欧元的研究经费，并将于本次大奖公开评审、得出结论后，把获奖稿件集结成册、公开发行。

具体申请资料要求及联系方式请至CCAA的官方网站www.ccaa-awards.org查询。

康斯登为 Only Watch 打造独一无二的精品腕表

世界知名的Only Watch慈善拍卖会竞拍品与巡展活动于2009年7月29日至31日假座上海柏悦酒店举行。此次参展的所有展品还在2009年9月24日在二年一度的摩纳哥Only Watch慈善拍卖会上拍卖。知名瑞士腕表品牌康斯登再次受邀参加此次盛会，并特别订制了三款绝无仅有的独家腕表来参与此次竞拍活动。Only Watch慈善拍卖会是在摩纳哥王子阿尔伯特二世的全力赞助支持下，由“世界肌肉萎缩儿童家护希望工程”创办人及“肌肉萎缩防治协会”主席Luc Pettavino发起，包括康斯登在内的世界著名钟表品牌共同参加的独家珍品钟表慈善活动。拍品中包括各大厂商独一无二的经典手表、样版表及序号为No.1的限量版手表。Only Watch拍卖活动是一场纯粹的慈善活动，此次活动的全部收入将捐赠给杜兴氏肌营养不良研究。此次参与竞拍的三款腕表分别为The Heart Beat Manufacture Automatic Pavée，这是一款女式的珠宝心跳系列腕表，体现出康斯登品牌的专业技能，是众多收藏品中最豪华的女装计时腕表；第二款是康斯登专为国际儿童心脏基金会设计制造的；第三款是康斯登最新为女士制作的腕表The Love Heart Beat，34mm直径、圆形固体玫瑰金表壳、钻石镶嵌，表盘指针有“love”字样并镶嵌一个1.17克拉的钻石。

设计营商周 2009

标志着设计、创新及品牌概念的“设计营商周”将于11月30日至12月5日于香港设计中心举办，至今已成功踏入第8年。设计营商周每年均网罗来自设计、商界、中小企业及教育权威人士参与，就现时全球最关注的议题举办不同类型的精彩活动，包括：展览、国际论坛及一连串的设计外展活动，为业界提供交流、互动、引发创意及建立网络的平台。

设计营商周是亚洲设计业界极具权威性的年度盛事。历届以来，设计营商周邀得众多来自世界各地备受尊崇的设计师及商界翘楚担任论坛讲者，参与人数更是逐年递升。这不但反映设计营商周在国际上愈受重视，香港担当推动创新设计的角色亦愈趋重要。为期一周的设计营商周内容多元化，当中包括为参加者提供与商界领袖及设计大师作面对面交流的平台的两个重点项目——设计营商周论坛和香港设计中心周年颁奖晚宴，以及一连串会议、展览和设计相关的外展活动。

速写
CROQUIS
HUBIN INTERNATIONAL BOUTIQUE COMPOUND
HANG·ZHOU
METOO
CAFE

DA CHIK MUN

DA CHIK MUN
Hangzhou

DA CHIK MUN

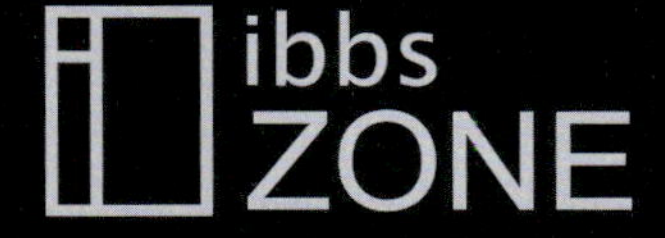

ibbs.cn is the first high-end interior design community by a group of influential designer. 6 years of forging, these designers advance wave upon wave of support and participation, protect the pure and professional exchange platform, sharing of good faith and upgrade themselves. Over the years, ibbs insist on holding a series of design Sharon activities and the annual meeting to enable more designers to benefit from each other. In recent years, ibbs tries to cooperate with traditional media, organizes outside of the thematic study, promotes the designed culture. Through the accumulation of six years, ibbs has become an important interior design expression library and an original programs exchange area

ibbs.cn是国内首个高端室内设计网络社区，由一批有影响力的设计师发起的设计联盟。6年的锻造，多少优秀的设计师前赴后继的支持和参与，共同呵护着这个纯粹而专业的交流平台，并在真诚的共享和互动中不断提升。他们是来自国外的精英和一大批活跃在一线的优秀设计师。多年来，ibbs低调而执着地为室内设计行业做真正的促进与推动，努力营造一个纯净的专业网络空间，坚持举办一系列的设计沙龙活动，通过年会让更多的设计师相互受益。近年，更与传统媒体合作，组织境外专题考察，进行设计文化的推广等。通过六年的积累，ibbs已经成为一个重要的室内设计言论库和原创方案的过程交流地。

室内设计 Architecture 艺术 Design 欲了解更多，敬请登录 http://www.ibbs.cn

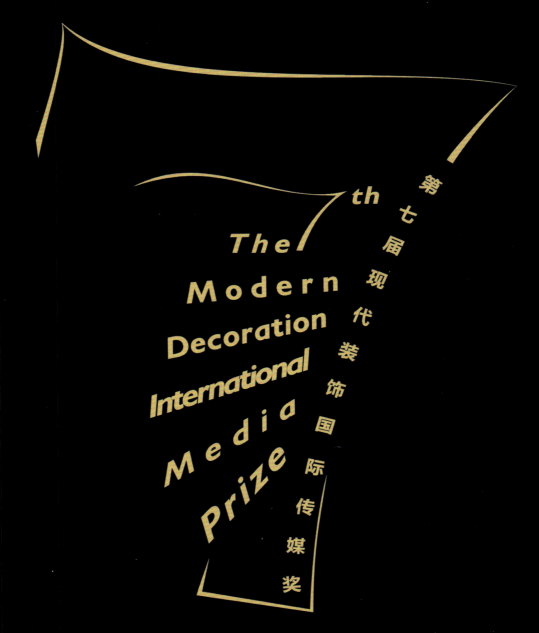

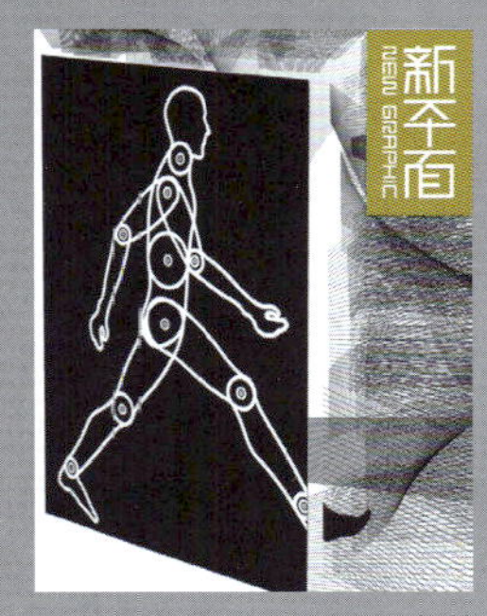

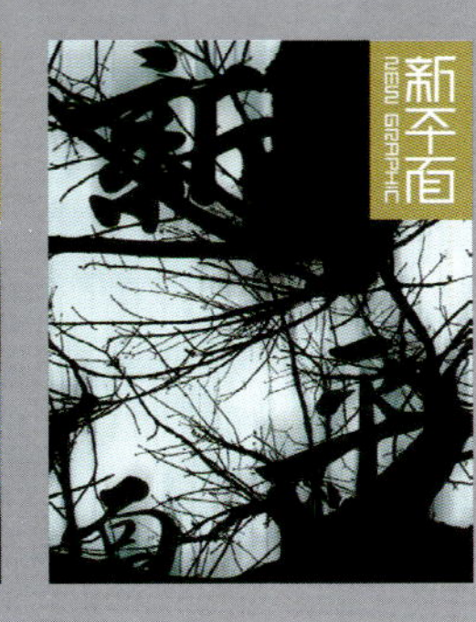

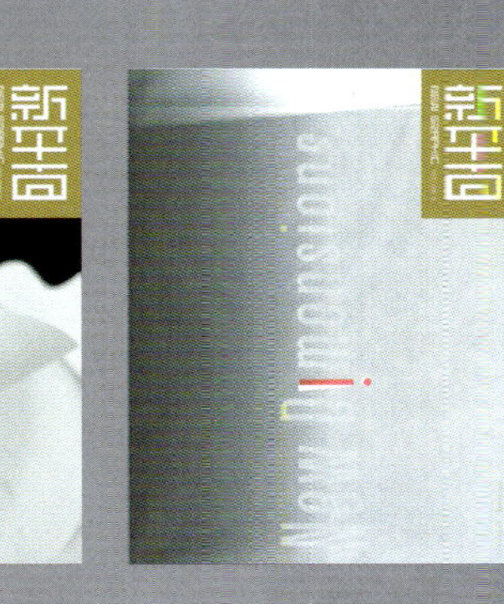

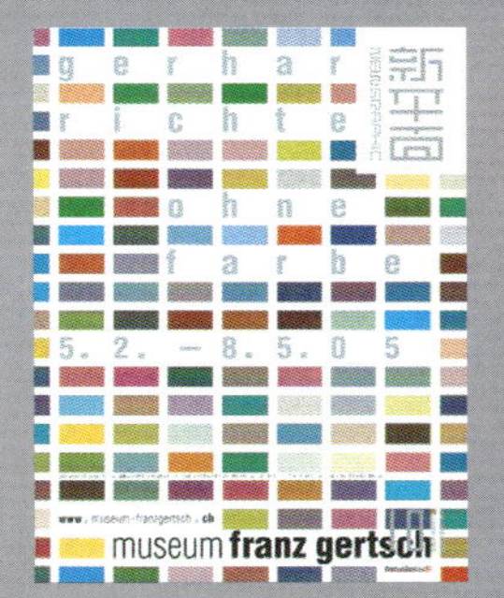

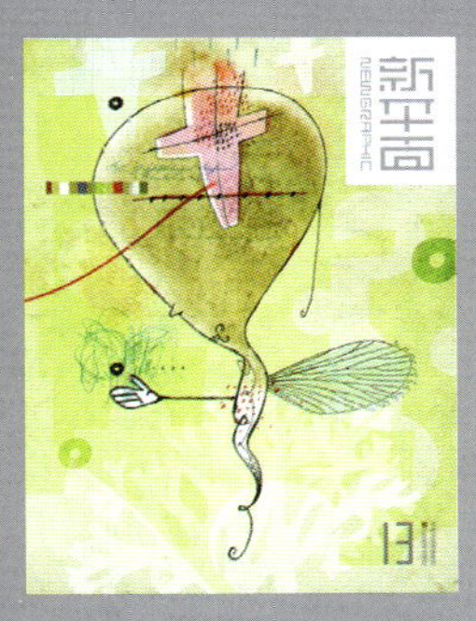

视库新集文化传播
SEECOO SHAGE CULTURE COMMUNICATION

遇见柯布西耶
www.pdoing.com
kuaican